军事高技术

林仁华　主编

郭玉兰　李　青　编著

杨新防　别义勋

广西科学技术出版社

图书在版编目（CIP）数据

军事高技术 / 林仁华主编. — 南宁：广西科学技术出版社，2012.8（2020.6重印）

ISBN 978-7-80619-498-0

Ⅰ.①军… Ⅱ.①林… Ⅲ.①军事技术—高技术—青年读物 ②军事技术—高技术—少年读物 Ⅳ.① E9-49

中国版本图书馆 CIP 数据核字（2012）第 188667 号

青少年国防知识丛书
军事高技术
JUNSHI GAIJISHU
林仁华　主编

责任编辑	方振发	**封面设计**	叁壹明道
责任校对	梁　炎	**责任印制**	韦文印

出 版 人　卢培钊

出版发行　广西科学技术出版社

　　　　　　（南宁市东葛路 66 号　邮政编码 530023）

印　　刷　永清县晔盛亚胶印有限公司

　　　　　　（永清县工业区大良村西部　邮政编码 065600）

开　　本　700mm×950mm　1/16

印　　张　17

字　　数　219 千字

版次印次　2020 年 6 月第 1 版第 5 次

书　　号　ISBN 978-7-80619-498-0

定　　价　29.80 元

本书如有倒装缺页等问题，请与出版社联系调换。

向青少年普及国防知识
（代序）

林仁华

国防是国家的大事，是为保卫国家的主权、统一、领土完整和安全，防御武装侵略和颠覆所采取的一切措施。我们国防力量的强弱和国防建设的好坏，是关系到中华民族生存与发展的大问题，任何时候都不能放松和忽视。

回顾我国鸦片战争之后 100 年的历史，由于清政府的腐败无能，形成"有国无防"，时而受到八国联军铁蹄的蹂躏和西方列强的宰割，时而受到日本侵略者的烧杀、奸淫和掠夺，使中国人民陷于水深火热之中。在中国共产党英明领导下，在中国人民解放军的英勇奋战和全国人民共同努力下，我们建立了繁荣昌盛的新中国和强大的国防，中国人民才站起来了，洗雪了百年的耻辱，捍卫了国家主权、领土的完整，保卫了人民生命财产的安全。想想过去，看看现在，我们每一个中国人都应该懂得"国无防不立、民无兵不安"的道理，都应该牢记"落后就要挨打、贫穷就要受欺"的教训，奋发图强，为建设强大的国防和振兴中华而努力。

目前，国际形势复杂多变，和平与发展成为当今世界的主题，但是各地局部战争连绵不断，各种矛盾还在深入发展，新的战略格局尚未形成，世界仍然处在大变动的历史时期。我国的社会主义现代化建设仍将在复杂多变的环境中进行。我们要居安思危，要按照江泽民同志在中国共产党十四次代表大会指出的："各级党组织、政府和全国人民要一如既往地关心国防建设，支持军队完成各项任务。抓好全民国防教育。"

抓好全民国防教育，应当从青少年抓起。因为以爱国主义为核心的国防意识，是一个国家的国魂、民魂，只有一代一代传下去，才能保持民族的兴旺和国家的强盛。青少年是祖国的未来与希望，是祖国的建设者和保卫者，是21世纪的主人。在21世纪，经济建设的好坏，国防的强弱，对我们中华民族的前途和命运至关重要。因此，我们必须及早着手，将爱国主义思想和国防意识注入青少年的心田，使他们具有浓厚的爱国主义思想和掌握必备的国防知识。这是关系到祖国的盛衰荣辱的大事，是关系到今后谁来保卫中国的大问题。我们的国防是全民的国防，植根于全体公民热爱祖国、建设祖国、保卫祖国的思想和行动中。《中华人民共和国国防法》明确规定："保卫祖国、抵抗侵略是中华人民共和国每一个公民的神圣职责"，"公民应当接受国防教育"，"普及和加强国防教育是全社会的共同责任"。因此，搞好青少年的国防教育，在青少年中普及国防知识，是修筑未来"长城"的战略之举，是国防建设后继有人的百年大计，也是我们国家长治久安、常盛不衰的根本保证，应该引起青少年和全国人民的重视。我们一定要大力加强国防教育，普及现代国防知识，长期不懈地抓下去。

广西科学技术出版社具有浓厚的国防观念和远见卓识，愿为青少年增强国防意识和掌握国防知识贡献力量，专程到北京，委托我主编一套《青少年国防知识》丛书，供青少年读者阅读，满足各地对青少年进行教育的需要。我邀请了首都国防科普作家和长期从事国防教育工作者40多人，同出版社几位编辑一起，用了三年多的时间，终于编写出这套丛书，包括《国防历史》《国防地理》《现代战争知识》《人民军队》《国防后备军》《军事高技术》《高新技术兵器》《军事工程》《后勤保障》《著名军事人物》等十册，向全国出版发行。

这套丛书具有两个鲜明的特点：

第一个特点是内容丰富，知识性强，具有国防现代化读物的特色。本丛书的观点和题材都体现一个"新"字，坚持以邓小平新时期国防建设思想为依据，通过大量生动的事例，比较系统地介绍了我国国防现代化建设有关的基本知识，各本书又有各自的特色和内容。

《国防历史》，主要介绍我国历代国防的特点和战争的情况，以及军事上的改革和创新；介绍帝国主义的侵略和强加给中国的不平等条约，以及中国人民英勇抗击侵略斗争的业绩。

《国防地理》，主要介绍我国在世界上的战略地位和国家周边的安全形势，以及我国著名的军事重地、边关要塞、古战场、海边防等情况。

《现代战争知识》，主要介绍现代战争的特点和要求，特别是在高技术条件下，陆战、海战、空战、电子战、导弹战、原子战、化学战、生物战、心理战等种种战争的特点和攻防的手段。

《人民军队》，主要介绍中国人民解放军的建军思想、战斗历程、优良传统和光辉业绩，以及新历史时期以现代化建设为中心进行全面建设的内容和要求。

《国防后备军》，主要是介绍我国国防后备力建设的方针和原则，反映民兵在各个历史时期勇敢、沉着、机智、灵活的战斗风貌，介绍有关学生军训和外国后备力量建设的新鲜知识。

《军事高技术》，大量介绍高新技术应用于军事的情况，特别是微电子、计算机、生物、航天、激光、红外、隐身、遥感、精确制导、人工智能等各种技术的原理及其在国防建设中的应用。

《高新技术兵器》，着重介绍核生化武器、战术战略导弹、定向能武器、动能武器、电磁炮，以及海上舰艇、作战飞机、主战坦克等新装备。

《军事工程》，着重介绍军事工程在现代战争中的地位和作用，以及构筑工事、设置障碍、布设地雷、抢修公路、架桥渡河、爆破伪装、野战给水等工程的内容、技术和要求。

《后勤保障》，着重介绍古今中外后勤工作的情况及其在战争中的作用，介绍物资、弹药、油料、给养、技术维修、卫生勤务、军事交通等各种保障工作的特点和要求。

《著名军事人物》，主要介绍我国古代、近代、现代著名军事将领的先进军事思想和带兵打仗的经验，以及战斗英雄英勇作战的光辉业绩。

第二个特点是构思精巧，通俗生动，具备青少年科普读物的特点。青少年正处在长知识、打基础的时期，求知欲强，思想活跃，好奇爱问，喜欢追根问底。这套丛书采取一问一答的形式，抓住国防知识的热点和重点，从新的角度提出问题，引起青少年的关注和兴趣，然后结合讲战斗故事，联系斗争实例，介绍武器发明史，宣扬著名军事人物的光辉业绩等回答问题，既讲清"是什么"的内容，又阐述"为什么"的道理，把国防知识、科学原理与实际事例巧妙地结合起来，把军事技术、武器装备与战争的战略战术有机地结合起来，把科学技术的内容与文学艺术的形式结合起来，把科学作品的知识性与国防事件的新闻性结合起来，融思想性、知识性、科学性、趣味性于一体。同时，还配置大量形象的插图，运用许多生动的比喻，加以描述，通过写人、写事、写物，让读者如见其貌，趣味盎然。

国防知识浩如烟海，本丛书篇幅有限，不可能全部写下来，我们只选择其中重要的基本知识和新颖的内容加以介绍，给大家提供一把开启国防知识的钥匙，希望这套丛书能成为培养国防人才的引路灯和铺路石，成为中国青少年增长知识、发展智慧、启发学习兴趣、促进成才的亲密朋友，为普及国防知识、加强国防现代化建设贡献力量。

本丛书还有许多不足之处，望大家批评指正。

強我國防

興我中華

遲浩田

时任中央军委副主席、国务委员兼国防部长迟浩田为《青少年国防知识》丛书题词

目　录

为什么说高技术显示出了科技、经济、社会以及军事技术协同发展的特征

当今世界，人类已进入空前发展的新时期，高科技的强劲东风正以全方位的气势向众多领域加速渗透。它带来了经济上的繁荣，推动了社会进步，显示出了无比强大的生命力。

什么是高技术？

到目前为止，国际上对高技术还没有统一公认的定义。通常认为，高技术是指基本原理建立在当时最新科学成就基础上的技术。它一般应具有创新性、智力性、带动性、战略性、风险性、前沿性等基本特征。现代高技术是从 20 世纪 60 年代以来，在一大批现代最新学科研究成果的基础上日益崛起的，它们的发展序列是：以信息技术和系统科学为先导，以新材料为基础，以新能源为支柱，沿微观领域向生物技术开拓，沿宏观领域向海洋技术和空间技术扩展。这批高技术主要包括：微电子、计算机、激光、光导纤维、光电、卫星通信技术；膜技术、碳纤维、结构陶瓷、超导技术；核能、太阳能、生物质能、海洋能、地热能技术；微生物、细胞、基因、酶；海底采矿、海水提铀、海水淡化技术；空间探测、空间工业、航天运输、空间军事技术等。这些高技术既各自独立，又相互支撑，相互渗透。

高技术有哪些特征？

1. 高效益。高效益是指高技术的成功运用能为创业者带来巨大的经济和社会效益，如据经济专家推算，在 1985—2010 年的 25 年间，美国

空间商业化收益可达6000亿～10000亿美元。当前，美国航天投资的效益比为1：14，苏联为1：10。这种高效益是一般技术所望尘莫及的。

2. 高竞争。因为高技术是一个国家的经济、政治、军事实力即综合国力的重要标志，所以发展高技术就是一个国家的战略决策。因此掌握高技术才能夺取战略制高点。于是美国制定了"星球大战计划"，西欧实施了"尤里卡"计划，日本制定了"科技立国"战略。

欧洲的第一颗地球资源卫星

3. 高资本。高投入是高技术发展的支撑条件。二十世纪八九十年代，西方主要国家投入研究与发展的资金大多占其国民生产总值的百分之二左右，这个数值几乎相当于或超过许多发展中国家的国民生产总值。

4. 高渗透。高技术的任一领域都是多种知识的融合，多种学科人才的共同合作，从而创造出前所未有的新技术、新工艺、新材料。这些作为崭新学科综合体的产物就是横向渗透、纵向加深、综合交错的结果，推动了社会进步，提高了人民生活水平。如微电子技术的发展与渗透，使计算机更新换代；计算机又使办公室自动化、工业生产自动化和军事指挥自动化；最终使各行各业兴旺发达，互相促进。

5. 高风险。高技术的探索，都是处在科技的前沿阵地，像战争中的攻坚战一样，成败的不确定因素是难以预料的。如航天技术的风险就高得惊人，从1961年3月23日苏联宇航员邦达连科做为第一位航天牺牲者，到1987年底为止的117次载人飞行中，竟有16名宇航员献出了生命，约占航天人数的8％。尤其是1986年1月28日，美国挑战者号航天飞机升空1分多钟，就突然爆炸，7名宇航员不幸罹难，12亿美元的航天飞机化为硝烟。

6. 群体性。现代高科技是一个技术群体，其中包括信息技术、新材

料、新能源、生物技术、航天和海洋开发技术这六大领域。信息技术是高技术浪潮中的"浪尖"，以微电子、计算机、自动化、卫星通信、激光等为基础组成。新材料和新能源技术是社会生产和生活的物质基础；生物技术是人类改造自然与改造自身的新学科新战场，航天技术是人类冲出地球奔向太阳系及整个宇宙空间的天梯；海洋开发技术是人类利用海洋资源造福人类的桥梁。

综上所述，可以看出，高科技是提高劳动生产率的强大手段，可有力地推动经济发展，它必定改变社会的生产方式和产业结构，必将导致社会生产力的又一次巨大飞跃，加速社会的发展进程，同时也必然推动军事技术的迅猛发展。因此说高技术具有和经济、社会及军事技术协同发展的特征。

为什么说高科技对综合国力有重大影响

　　高科技是当代科技研究中最新的、站在最前面的，最富有创造性成就的科学技术，但高科技也是一个相对概念，随着时间的推移，今天的高科技就会变成明天的一般技术，人们常说的"科学技术是一种历史上起推动作用的革命力量"，当然指的是当时的高科技。

　　纵观人类发展史，科学和技术始终是促进社会变革的重要因素，科技的创新，必定会带来经济的振兴，推动社会的发展，生活的变革。火的利用、石器的利用、铁器的利用，对人类的发展都有着划时代的意义；我国古代的四大发明不但缔造了当时繁荣昌盛的中国，还通过丝绸之路传到欧洲，对它们的文艺复兴运动起到了推动作用。科技的振兴，影响了世界，使中国也成了赫赫有名的文明之国。这不就是科技兴国，科技提高综合国力的雏形吗？

　　什么是综合国力？综合国力是从整体上反映某一国家实力和国际影响力的一种尺度。通常认为，综合国力是指一个国家所拥有的经济、政治、科技、军事、精神等方面力量的总和。但也有人认为不是这些因素的相加，而是政治、经济、军事等的总和与科技这一可变因素的乘积。

　　高科技对综合国力的巨大影响，在第一次工业革命中已表现得淋漓尽致，18世纪的英国产业革命，起源于瓦特发明了蒸汽机；而纺纱机的应用使英国的棉布生产在100年间增长了160倍。这场革命使世界进入了一个用机器制造机器的近代工业时代，英国因此称雄于世界，到处都有其殖民地，成了名符其实的"日不落国"。

　　第二次世界大战后，许多高新技术成果，不断涌现：1946年诞生了电子计算机，1947年晶体管问世，1958年研制成功了集成电路；1957年世界上的第一颗人造卫星邀游太空；1960年出现了激光器；1971年降生了微处理机；1973年重组（DNA），在生物技术领域揭开了生命的奥秘……一大批高技术群犹如火山爆发形成了势如破竹的第四次工业革命的态势。美苏两国抓住时机在高科技军事领域展开了你追我赶的军备竞赛，长期抗衡各有所长，力量不相上下。美国为保持其优势，维护在经济和军备上的霸权，在1983年实施了"星球大战"计划，这项"万亿美元的跨世纪超级工程"计划，打着防御的旗号占领宇宙空间的战略高地，带动经济的振兴，以保持美国综合国力的领先地位。

战后的日本，走了一条超速富裕之路，选准了现代高科技的核心——微电子技术为主攻方向，到20世纪70年代在半导体技术方面已紧随美国，1981年宣布了"第五代计算机10年发展规划"，1984年试制成功了1兆位存储器，随后上万名智能机器人走向工业生产岗位，航天技术、新能源开发、生命科学的发展等都取得了令人瞩目的成就。1987年底日本国民资产总值为43.7万亿美元，超过了一直处于世界领先地位的美国。在海湾战争中美国使用的高技术兵器中很多高级芯片都来自日本，在高科技的带动下，日本已悄然进入经济和军事大国的行列。

同样，我国国际地位的提高，经济增长的高速度也是由于重视发展高技术。1956年，党和国家就提出了"向科学进军"的号召，制定了科学技术发展规划，1964年原子弹爆炸成功，两年后，氢弹在戈壁滩炸响，1970年4月，我国的第一颗人造卫星升空。如今每秒10亿次的"银河"Ⅱ号巨型计算机和超大型向量计算机已相继问世，光纤通信系统投入使用，建立了南极考察站，正负电子对撞机研制成功，航天发射技术已走向世界，微电子和计算机技术的推广应用已在各个领域初见成效……"科技是第一生产力"的概念已深入人心并被我国的实践所证实。

越来越多的事实证明，科学技术水平的高低和研究开发潜力的强弱，已成为衡量一个国家军事和经济实力的主要标志，高技术对发展国民经济，巩固国防有着极其重要的决定性战略意义，所以说高技术对综合国力有重大的影响。

为什么说高科技已成为
军队的战略威慑力量

军事技术是推动人类战争形态不断发展的根本动力，高技术对军队建设，对武器装备，对整个战争将产生深刻影响。

1. 高技术兵器的发展和应用，赋予了军队高战斗力，使现代战争出现了高技术化的趋势。武器装备是军队战斗力的重要组成部分，军事技术的发展推动着战术的发展，高新兵器的使用将带来新的战术，而新的战术需求又会促进技术与兵器的更新。1991年的海湾战争就是高技术战争的雏形。据不完全统计，以美国为首的多国部队一方就使用了六七十种、成千上万件高技术武器装备，其中首次使用的就达50多种：一是导弹、制导炸弹等精确制导武器；二是包括作战飞机、坦克等新一代作战平台；三是性能优越的航天、航空、地面侦察器材；四是"软杀伤"和"硬摧毁"相结合的先进电子器材；五是快速、灵敏高效的指挥、控制、通信和情报系统；六是新型的夜视器材及其装备。战争一开始，以美国为首的多国部队就仰仗高技术的优势，

参加对利比亚"外科手术"式袭击的美国的 F－111 战斗轰炸机

首先用"战斧"巡航导弹和"哈姆"反雷达导弹瓦解了伊方的指挥系统和防空力量，在空袭作战的头一天，美军就用F-117A隐形战斗机发射的一枚激光制导炸弹摧毁了伊军的情报部大楼，装有"全球定位系统"接收机的2枚"斯拉姆"导弹，从海上发射后飞行110千米准确地炸毁了巴格达附近的水电站，创造了百里穿洞的奇迹。从这场战争中可看出：电子战开路成了决战胜负的关键；空袭的反空袭在战争中的地位非常突出；导弹战成了主要的作战式样，这些都是高技术兵器改变了战争的格局，证实了高技术出高战斗力。

2．高技术实现了自动化指挥方式。在瞬息万变的战场上，传统的作战指挥系统已无能为力，以电子计算机为核心的军队自动化指挥系统应运而生，并在近代的局部战争中发挥了巨大的作用。如这次海湾战争中，多国部队在开战第一天就出动20多种44个机型的飞机1300多架次，从10多个机场和航母上起飞，在黑夜对伊方上千个目标进行了高密度的轰炸，组织周密，行动协调一致，这主要就靠其庞大而有效的 C^3I 系统的指挥。证明了 C^3I 是维系军队整体作战能力的生命。

西欧：MLRS "五国研制的多管火箭炮"

美战略空军司令部 C^3I 地下指挥室

3．高技术扩展了作战空间和时间，并使战争的规模和进程具有一定的可控性。由于高技术战争的战场纵深越来越长，前后方的界限也日趋模糊，战斗机经过空中加油可以直接飞越太平洋或大西洋，无需中间着陆，远程巡航导弹可以从几百千米之外打击敌人目标，从而掌握战争主动权。同时，传统的三维空间已被陆、海、空、天、电磁五维空间所取代。由于高技术武器能准确、快速、灵活而有节制地选择打击目标，因此可根据需要，使用同一种武器系统既可摧毁战役战术目标，也可摧毁战略目标，这就便于控制战争的时间、范围和强度。这次海湾战争只打了42天就停火，就是这个道理。

4.高技术改变了军队的编成，提高了对官兵素质的要求。由于高技术武器装备的大量涌现，提高了效能，因而执行同样的任务，可使用小规模的快速反应部队；随着新兵器的出现，又要组建新的兵种，如导弹部队，电子战部队等。总之高技术将使技术兵种的比例上升，部队将走注重质量建设的精兵之路。

高技术武器的出现，并不能改变人在战争中的地位和作用，人仍然是战争胜负的决定因素，但却对人的素质提出了更高的要求。军人的素质包括知识结构、思维方式、战斗能力、心理品质等多方面，只有具备与高技术战争要求相适应的素质的军人，才能真正成为高技术战争胜负的决定因素。用美国一位军官的话说："这些武器聪明与否，全看谁来使用它们。"美国培训一名 F-15 战斗机的飞行员，需耗资几百万美元并需数年时间，因为飞行员不是单枪匹马的作战而是一个相互关联系统的一部分，他需要空中警戒与控制系统提供数据，还需要得到地面和空中电子战及反电子战专家、计划和情报人员，以及数据分析和电信人员的支援。他必须谙熟飞机的作战性能，排除飞机的故障，确保万无一失地完成战斗任务。

总之，高技术对军队和战争产生了深远的影响。它提供了一种新的"打击基础设施"的战略形式，拥有利用高技术武器准确摧毁敌方的 C^3I 系统，通过摧毁交通枢纽、发电设施等经济基础设施，使对方的经济、军事、社会活动陷于混乱或停顿，达到战略目的。所以说，高技术已成为军队的重要战斗力和战略威慑力量。

为什么说高技术使武器装备
发生了根本的变革

1982年6月9日，以色列和叙利亚在贝卡各地进行的2个多小时的空战中，叙方损失的 29 架飞机中绝大多数是被以方飞机发射的"超响尾蛇"导弹击落的。当时，"超响尾蛇"成了武器王国的明星，它使人们认识到用新技术武装起来的新兵器，可以以一顶百，威力惊人。

自古以来的武器，都是杀伤目标的，武器的数量和威力必须超过目标的数量和承受力，即"以多胜少"为作战的基本原则。在以往的防空作战中，要求多发炮弹组成的点齐射命中一架飞机目标；地面攻击强调几十甚至几百发一群炮弹压制一个支撑点目标。然而，随着科学技术的进步，这些已经成为过去，精确制导技术，已经能使一发导弹摧毁一艘军舰，击落一架飞机。在海湾战争中，F－117A 战斗机仅用一枚激光制导炸弹就炸毁了伊方的情报通信大楼，用两发"斯拉姆"导弹破坏了伊方一座水电站。将来的人工智能技术还将使武器具有人的思维和功能，届时，将能"以一当十"，可见高技术已对武器装备的变革产生了深远的影响。

科学技术是第一生产力，最新的科学成就往往都是首先应用于军事，如无线电定位技术首先用于雷达，核技术首先用于原子弹，航天技术首先用在军事卫星上等。随着高技术的发展，已形成了一个军事高技术群体，它们对现代武器装备的设计生产和使用等诸方面都已起到了至关重要的作用。

1. 提高了武器的精度和杀伤效果。由于微电子技术、计算机、激光、红外、探测器、传感器技术的发展，使各种精确制导武器应运而生，因此大大提高了武器的射击精度，如英国的"星光"防空导弹，单发命中概率为 96%。在海湾战争中使用的美国研制的 MLRS227 毫米 12 管火箭炮一次可发射 12 枚火箭，每枚火箭带 644 颗杀伤和反轻装甲两用子弹，一次可摧毁 6 个足球场那样大的目标，其杀伤效果相当可观。

2. 提高了武器装备的生存能力。由于电子、红外、激光对抗技术的发展，提高了武器装备本身的防探测和自卫及抗毁歼能力。如很多飞机配有有源和无源干扰设备，可施放假目标，使自己躲避敌方导弹的攻击；还可以施放压制性干扰

美国的"铜斑蛇"激光制导炮弹大大提高了 155 毫米火炮的射击精度。图为"铜斑蛇"制导炮弹的导引、控制部分

使自己难以被发现。隐身技术和伪装技术及军用加固技术，也提高了武器装备的生存能力。

3. 提高了全天时、全天候、全方位的作战能力。随着红外热成像、相控阵和合成孔径雷达、毫米波及夜视技术等的应用，使武器装备能征服黑夜，雨雾风雪的扰乱，能从前后左右四面八方灵活机动地向敌方进攻并保护自己。

4. 提高了武器装备系统的可靠性和可维修性。微电子技术的发展，用高密度的集成电路取代分离件电路，能使其可靠性提高一个数量级；

美多管火箭炮系统——当今先进的压制火器

模块式结构设计及自动诊断技术，可提高武器装备的维护和使用性能，如德国的坦克采用了新技术储存后做到了无锈蚀损坏，能招之即来，还节省了约 86% 的储存费用。

5. 提高了武器装备的综合作战能力。电子技术和计算机技术的发展，催生了 C³I 系统。现代战争是多兵种协同作战，是系统对系统的对抗，采用高技术不仅提高了武器的战术技术性能，而且武器的标准化、系列化、通用化程度也大有提高，在战场上由 C³I 自动指挥系统，把各军、兵种和武器系统联合成体系进行对抗，将大大提高武器系统的综合作战能力。

6. 新技术的不断进步，促进了对原武器装备的技术改造，因此加快了原武器的配套和更新换代的速度。

7. 高新技术群的发展，是产生新原理兵器和新品种武器的源泉，它将在武器装备的设计制造中产生新思路、新技术、新方法，从而使一批批新概念武器诞生，如电磁炮、电热炮、智能武器、基因武器、动能杀伤武器及定向能武器等。正在研制中的这些新杀伤机理的武器，便是高新技术对武器装备产生了最为深刻的变革的例证。

综上所述，高技术使武器装备产生了高战斗力，是武器装备变革的源泉。

为什么有人说微电子技术是
现代战争的"魔术师"

1991年发生的海湾战争，是一场现代条件下空天、陆海和电磁环境中各种高技术兵器的综合较量，以美军为首的多国部队在空袭兵器、地面兵器、海军装备、侦察预警装备、电子战装备、通信指挥装备和夜视装备等诸多方面的使用中，都充分展示了微电子技术在现代战争中的巨大作用。可以说它就像一个"魔术师"魔幻般地影响着战术，变革着作战方式，操纵着胜败结局——

它摇身一变，成了电子侦察的主力军。海湾战争未打响之前，多国部队就用了20多颗高、中、低轨道侦察卫星和多种型号的电子侦察飞机，进行多层次、全方位、立体化的电子侦察，还设立了几十个无线电监收站。这些卫星和飞机都大量装备了最先进的高功能微电子设备，例如美国的可随时改变轨道飞行高度和轨道平面的K12"锁眼"式照相侦察卫星，装备了红外传感器、多频段相机、电荷耦合器件摄像机、微波成像测试雷达精确目标指示系统等，可在300千米的高度提供全天候、全天时的照相侦察；可以分辨地面10厘米大小的图像。这就把伊拉克的战场情况尽收眼底，为战术战略的决策提供了依据。

又一变，微电子技术成了海湾电磁战的铁拳头。海湾战争在大规模战略空袭前，首先出动空中预警机、通讯干扰机、反雷达机、反辐射导弹攻击机等机种，发射了大功率、宽频带的强电磁波，对伊拉克军方的指挥通信中心和防空雷达等进行强烈的"电子轰炸",使其整个防空系统陷入了瘫痪状态。这些电子战飞机就像是以微电子技术和微电脑为铁拳头的大力士,把伊拉克砸成了一个又瞎又聋又哑的"武装巨人"。如美国 EF－111A 电子干扰飞机装有多用途电子干扰系统、本机自卫系统、偶极子反射器、红外诱饵投放装置、终端威胁警告系统、红外侦察系统和夜导航、夜视设备等,如果没有微电子技术的魔力,仅第一项多用途电子干扰系统设备,就是一百架F－111A飞机也装不下,就更不用说其在性能和可靠性方面的巨大差距了。

再一变,微电子技术又变成了自动化指挥的"神经元"。海湾战争中,有 28 个国家参战的多国部队一方,动员的兵力近百万,飞机坦克和舰船数以千计,如此大规模、庞杂的兵力协同作战,能做到行动迅速、组织严密,这全凭性能高超的自动化指挥系统。以通信系统为例,美国的国防通信系统是一个全球性的通信系统,

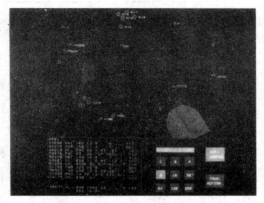

载指挥控制系统的彩色显示器可以显示多种影像、图形及战术文件

在美国本土就可对海湾战区的美军指挥机构实施控制,可以通过通信系统传送话音、图像和数据;上至美军司令,下至前线士兵,在关键时刻都可以直接与总指挥部通话。这一整套通信网络系统使用了数以千万计的各类电子计算机,而电子计算机的神经元正是以微电子技术为基础的通信网络。

最后一变,微电子技术成了现代武器装备的"战斗力倍增器"。现代战争中使用的高技术兵器,没有一件可离得开微电子技术的支撑,如射程可达 3700 千米的"战斧"导弹,由于采用了微电子技术和微电脑,命中精度可达 10 米,比原定指标提高了 100 倍;又如"爱国者"导弹,采

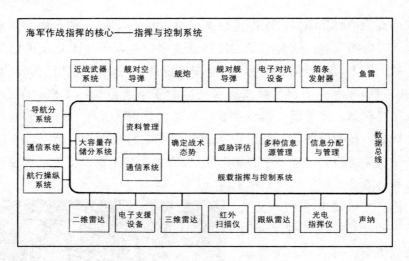

海军作战指挥的核心——指挥与控制系统

用了100万次高速微型计算机，多功能相控阵雷达，使它能同时监视、跟踪多达100个目标，还能对目标进行分类及真假判断，并同时引导8枚导弹分别攻击8个目标。在海湾战争中，开创了导弹打导弹的先河，有人说，多国部队的取胜，主要靠高技术装备，其实主要也是赢在微电子技术上，因为它使武器装备的战术技术性能产生了质的飞跃，量的升华，使战斗力倍增。

　　由上所述，微电子技术果真在现代战场上显示了无比强大的生命力，恰似打开胜利之门的一把金钥匙，将它比作现代战争的"魔术师"，也并非没有道理。

为什么说微电子技术改变着战争的格局

　　1991年，一场历时42天的海湾战争，以伊拉克军队撤出科威特而告结束。1月17日凌晨，F－117A隐身战斗机扔下了此次战争的第一枚炸弹——2000磅的激光制导炸弹，摧毁了伊方的通信指挥大楼；1月18日，"爱国者"导弹拦截"飞毛腿"开创了导弹间空中格斗的先河；1月21日，两枚"斯拉姆"导弹由卫星中段制导，不差分毫的百公里穿洞，炸毁了巴格达近郊的水电站。这样的作战样式，这样的高精度在迄今为止的历次战争中，乃前所未有。那种以"攻城掠地为作战目标"，那种缓慢的消耗性的正面角逐，那种地面攻坚和坦克会战的情景，被"空地一体战"追赶的无影无踪。世界著名的未来学家阿尔文·托夫勒称海湾战争是"第三次浪潮战争"，是知识驱动型的战争，是一场将知识注入武力的真正革命，是智能而不是拳头的延伸。美国科学家联合会的约翰·派克说"这是硅片击败钢铁的胜利"。言外之意，海湾战争是美国的微电子技术打败了伊拉克的大炮和坦克。究竟微电子技术对现代战争有什么影响呢？

　　1. 指挥自动化提高战斗力。

　　20世纪70年代，微电子学的飞速发展，引起了军事技术的革命性变化：电子器件微型化和固体化，不但制成了小巧玲珑的电子设备，而且大大提高了可靠性，特别是自动化指挥系统〔西方国家称作"指挥控制通信和情报（C^3I）系统"〕的问世，实现了情报、通信、组织指挥和电子战等功能一体化，把部队和先进的武器装备组合成了有机整体。它使部队结束了凭指挥官的实战经验和大脑及手工作业的方法进行计算、判断、操作的历史，给战场的指挥增添了活力。

这种 C^3I 系统一般分为战略、战术两大类，亦可分为国家级、战区级和战场级三个层次，其主要功能是：① 具有超常的搜集、处理、传输情报的能力，如 1983 年 9 月，苏军用飞机击落南朝鲜客机后，美国就是借助 C^3I 系统，马上公布了事件的详细经过及苏飞行员与地面通话的全部录音。使外界大为惊叹！② 具有超常的记忆和运算能力，如美国空间防御司令部指挥中心计算机，能同时运算 2500 条空中与空间目标的情报。③ 具有辅助决策所需的一定的逻辑，判断能力。④ 具有超越时空障碍实施指挥的能力，如 1982 年的马岛战争中，英国正是借助先进的通信卫星系统直接对远离本土 1.3 万千米之外的特混舰队实施有效的战争指挥，取得了马岛战争的胜利。

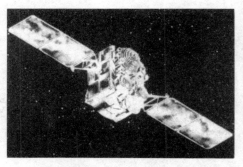

"美国防通信卫星"Ⅲ型，美利用其现有的全球 C^3I 系统能在 3 分钟内将命令传达全世界各地的美国军联合司令部和特种司令部

马岛战争期间，英国"无敌"号舰空母舰上两名士兵正在与航风周围充任"屏蔽幕"的驱逐舰和护卫舰进行通信联系。英国靠先进的 C^3I 设备和技术打赢这次站争

2. 精确制导武器成为战争的基本火力。

随着微电子技术的发展而崛起的精确制导武器，在现代战争中已取代了昔日"战争之神"的霸主地位，如这次海湾战争中的火力对抗，主要是从地面、空中和海上各种作战平台上发射的性能各异的导弹。现代一些常规导弹和灵巧炮弹及制导炸弹，不仅爆炸威力接近于核武器，而

美国战略空军司令部的地下指挥所，控制台前面的大屏幕不断以各种颜色的图表和数字显示出最新的情报数据

且射击精度已由第二次世界大战时期的几千米、越战时的几百米，缩减到了10米左右。空袭第一天"战斧"巡航导弹的密集突袭，不仅开了以导弹进行首轮空袭的先例，而且命中率达90%；155毫米榴弹炮发射的"铜斑蛇"制导炮弹，可以从20千米外袭击运动中的坦克，其圆概率误差不到1米。

精确制导武器的运用，也改变了过去战争中"短兵相接"的近战方式，使交战距离空前增大。这次海湾战争一开始，双方就超越地面设置的坚固防线，把空袭矛头指向对方纵深的军事战略要地，如美国从海上向伊拉克腹地的重要目标发射数百发巡航导弹；伊拉克的苏制"飞毛腿"导弹也跨越约旦奔袭以色列。

精确制导武器，在战争中不仅是为了攻击几个战术目标，而是贯穿于整个战争、战役和战斗的全过程，成了战争的基本火力。

3. 电子战以全新的姿态登上战争舞台。

用微电子技术武装起来的电子战设备，在现代局部战争中先声夺人，"电子轰炸"被称为是"第一波空袭"，如这次海湾战争中，美军一开始就实行电子软、硬杀伤手段并用，造成伊通讯中断，C^3I 瘫痪，伊方数千枚防空导弹基本未发挥作用。这次的电子战不仅是火力突袭的先导和保证，而且直接压制和打击了伊军事力量的神经中枢和防空预警系统，起到了明显、直接和重大的破坏效果，这说明在现代战争中，谁在电磁频谱的对抗中领先，谁就制胜，可见夺取电磁优势已成为夺取战争胜利的前提。

综上所述，在当今的高技术战争中，无论是现代化的作战指挥系统还是先进的精确制导武器，无论是高性能的电子战飞机还是威风凛凛的空袭兵器，都改变了战争的样式和打法，而它们的发展和进步，又都以微电子技术为前提，所以说是微电子技术改变了现代战争的格局。

为什么说微电子技术是
现代信息技术的基石

在科学技术高度发展的今天，人类社会已进入了信息时代，随着以信息技术为龙头的高技术群的综合发展和广泛应用，在全世界掀起了惊天动地的变革，迎来了一个崭新的科技时代。

什么是微电子技术？微电子技术就是一种使电子元器件、电子设备和电子系统微小型化的"微型化电子技术"。具体地说，就是指在几平方毫米的半导体单晶芯片上用微米、亚微米级精细加工技术，制成由万个以上的元器件构成的微缩单元电子电路，并用这种电路组成各种微电子设备。它包括超精细加工技术、薄膜生产和控制技术、过程检测和控制技术、高密度组装技术、可靠性技术及其他有关技术。它能使产品微型化，提高产品的质量和可靠性，并有省资源、节能、低成本、通用性强等特点。

微电子技术是 50 年代末随着半导体集成电路的诞生而发展起来的。60年代中期诞生了大规模集成电路，70 年代又发展到超大规模集成电路，以后几乎每两年每个芯片上集成的元件数就翻一翻，每五年增加一个数量级。

什么是信息？通俗讲，可以理解为一切有意义的信号，或者说是有实际内容的新知识的消息。信息不是物质，但它是物质的一种特殊属性，因为客观世界的物质运动和能量的传递变化，会产生各种各样的信息，如经济信息、社会信息、军事信息等。而这种信息又常常是各种决策的依据，如在双方争夺的战场上，把握住真实信息的时机，适时地选好有力对策，就可能取得战争的胜利，信息就成了胜利的源泉。

什么是信息技术？它是研究信息传输和信息处理的一门学科。大体包括三方面：一是信息的传递；二是信息的存贮、处理和应用；三是信息与生产（军事）管理系统的连接。信息的传递就是通信；信息的存贮、处理和应用，靠电子计算机；与生产管理系统的连接，则需自动控制系统来完成。而信息技术涉及的通信、电子计算机和自动控制系统，又都与微电子技术休戚相关。

马可尼公司"剑鱼"通信系统

微电子技术的发展，使电子产品愈来愈小，耗电愈来愈省，而功能却不断增多。它带来了通

英国三轴稳定"天网"–4军用通信卫星

信设备电子计算机和自动控制系统的微型化、多功能化和智能化。如海湾战争中单兵使用的 GPS 接收机，只有巴掌大小，可以装在士兵的口袋里，在大沙漠中，无论走到哪里，都可知道自己和友邻的准确位置和行进速度，在紧急关头还可得到上级的指示；又如近年来，各种军用电台，在应用微机后，经过更换或增加软件，就可扩充和改善性能，兼容多种工作和方法。比如编入检测程序就可对设备进行自动检测，并对故障定位和修理；全数字化的电台，不但提高了抗干扰能力和通信效率，还增强了保密功能。

在现代社会中，信息的价值是随时间的变化而消失和产生的，即信息的价值取决于它的时间性，因此必须克服距离和时间的限制，可远距离地操纵计算机而得到所需要的处理结果，以迅速取得决策依据。于是便出现了全国、全世界性地计算机联网。它把电话、传真、图像等通信技术和电子计算机完全融为一体，极大地提高了信息处理速度，推动了各领域的良

性循环。

　　由上所述，可毫不夸张地说：微电子技术的不断突破，促使电子计算机迅速更新换代；电子计算机的迅猛发展，回过头来又对电子元器件提出了更高的要求。微电子技术、电子计算机技术和通信及自动控制技术相结合，推动着我们的时代进入信息社会，而微电子技术正是信息技术的基石。

为什么说微电子技术是高科技腾飞的法宝

微电子技术是在半导体芯片上采用微米或亚微米级加工工艺制造微小型电子元器件和微型化电路的技术，主要包括超精细加工技术、薄膜生长和控制技术、过程检测和过程控制技术、高密度组装技术、可靠性技术及其他有关技术。微电子技术的特点是：①能使产品微型化；②提高产品的质量与可靠性；③节省资源和能源；④成本低；⑤通用性好。

微电子技术是 50 年代末随着半导体、集成电路的诞生而逐渐发展起来的。1978 年在一块 30 平方毫米的芯片上集成了 10 万～100 万个单元的"超大规模集成电路"（VLSI）。从此电子技术真正进入了微电子时代，短短的 16 年内集成度竟提高了万倍以上，如今集成度已突破百万个单元以上，称为"极大规模集成电路"。1988 年美国又研制了更为先进的"隧道三极管"，它的尺寸只有之前的半导体集成电路的 1/100，而运算速度却快 1000 倍，成为电子技术的第五次重大突破。

为什么把微电子技术说成是高科技腾飞的法宝？因为它是现代信息技术的基石，是新技术革命的

先导技术，一切高科技领域如没有它的支撑，就不可能有今天的成就，就会带着沉重的翅膀望空兴叹！请看下边的事实。

1. 微电子技术是军事现代化的基础。首先它是建立各种自动化军事管理指挥系统的必要条件，如作战指挥系统、武器控制、作战保障、军事训练、人员培训系统及军事科研等；其次使武器小型化、自动化、智能化，从而提高了整个部队的战斗力。

2. 微电子技术是电子计算机发展的铺路石。出现了集成电路，才使计算机小型化成为可能，随着集成度的不断提高，才有了第三代、第四代电子计算机。如今的微型计算机，重量0.5千克，只用两节电池，就可与第一代重30吨的电子管计算机的功能相等，当时需

该航天飞机的计算机存贮量达4000万条指令

要150千瓦的功率对它进行启动，这相当于起动一个火车头。如今，各种高性能的计算机轻装上阵，下部队、进工厂、到矿山，并走进了千家万户，这全是因为有了微电子技术的推动。

3. 机器人和自动化技术就是微电子技术与机械技术和生物技术等相结合的产物。机器人的核心问题，是需要配制若干个有多种复杂功能的微电脑，还得有能感觉位置、速度小型化高敏感度的传感器，而这些又都离不开微电子技术。不难想像，如果用第一代电子管计算机做电脑，那么机器人就得做成与航空母舰相差无几的铁罗汉！对它实行自动控制，真是难于上青天！

4. 微电子技术是航天技术发展的关键。人类要想跨出地球邀游太

空，来往于繁星之间，首先就得解决冲出地球的动力问题。据计算，如不考虑大气阻力等因素，使1千克物质上天，达到7.9千米/秒的第一宇宙速度，就需要3200万焦耳的能量，而且每一千克质量的卫星，大约要100千克的火箭来发送它。就苏联1957年的第一颗人造卫星来说，质量是83.6千克，里边只装了两台无线电发报机就占了卫星总质量的2/3以上（因为当时没有微电子技术)，其价值相当于同等质量的钻石价格。如今的卫星上既有飞行姿态、温度、遥测遥控、通信联络、数据处理计算机系统，又有各种专门用途的专用系统，如果没有微电子技术，要将这么庞杂的电子设备塞进卫星是根本办不到的。由于有了微电子技术的发展，才使各种航天器变得小巧玲珑，实现嫦娥奔月的宿愿。

5.微电子技术促进了新能源技术的发展。核能的利用与发展，是解决人类能源需要的一条重要途境，但核能的利用必须解决反应堆的安全、原料加工和核废料的处理及正常运行与维修等，所有这些都需要大批的微电子装置系统加以观测与控制。世界上的核电站就是伴随着微电子技术的突破才出现的。

总之，微电子技术，就像打开这斑斓多彩的高科技之门的一把金钥匙，古老的传统科技由于它的渗透而焕发青春，任何一种高科技都离不开它的参与和支持，所以说它是高科技腾飞的法宝。

为什么说集成电路是微电子技术的核心

　　微电子技术是电子技术与现代科技综合发展的产物，是建立在新概念、新结构、新工艺基础上的微型化电子技术。它是利用和控制半导体内部电子的运动，并采用一些特殊的工艺方法，在小的体积内，制造具有多种功能的微电子电路、微电子系统及其设计与应用的技术。

　　"微电子技术"的提法，始于1977年。当时美国在30.4平方毫米的硅片上，集成了13万个晶体管，它相当于在一根头发丝的横截面上，容纳近40万个晶体管，当时人们称它为"大规模集成电路"，并把它的降生，看成是电子技术和微电子技术的分水岭。

　　什么是集成电路呢？这还要从本世纪初谈起，1906年电子管问世，揭开了近代电子技术发展的序幕；1948年，第一支晶体管的诞生，引起了电子学深刻而广泛的变革。晶体管体积小、重量轻、坚固耐振、长寿命、低功耗，而且性能稳定，所以在整个50年代便风驰电掣般掀起了电子设备晶体管化的高潮。50年代末，由于军事和航天技术的发展，迫切需要质量更轻、体积更小、功能更全的电子设备，于是，集成电路便在1958年应运而生。

　　集成电路是利用半导体的

由集成电路组装成的电子计算机模型

各种特异功能，采用半导体平面工艺来达到微型化要求的。集成电路所需要的全部元件，如晶体管、电阻、电容等，都可以用改变半导体的导电能力，或用P型与N型半导体的不同配合制作出来。例如利用两个背靠背的PN结，可以组成具有控制与放大信息功能的晶体三极管；利用PN结隔离技术可以制作不同阻值的电阻；利用反向偏置的PN结可以用作电容；还可以直接用晶体管来代替电阻、电容等。平面工艺最大特点之一，就是将印刷技术中的照相制版技术，巧妙地移用于晶体管和集成电路的制作，在一次工序中可以同时制作一大批元件。集成电路技术的主要内容，可以粗略地概括为材料提纯与晶片加工技术、电路设计与分析技术、微细加工技术（包括精细图形加工、高精度掺杂、薄膜与多层化技术等）、检验测试技术和超纯与超净技术等五个部分。

世界上第一块集成电路只能集成4个元器件，只能做出一个门路。有1～12个门电路的称为"小规模集成电路"；能集成12～100个门电路的，叫"中规模集成电路"；有0.1万～10万个门电路的叫"大规模集成电路"；有10万～1000万之间门电路的称"超大规模集成电路"。1993年，日本已研制出在13.6×24.5平方毫米的芯片上集成了3亿个晶体管和2.7亿个外围元件的集成电路，它的处理速度已达到每秒百万条指令。

大规模集成电路与中、小规模的集成电路之间，不仅只是集成度大小的区别，还有质的不同。例如，二者的元件功能发生了变化，后者需要大量元件才能完成的功能，前者由一个元件就代替了；电路结构也发生了变化，由元件集成发展到了单元电路集成，使材料、元器件和电路成为一个不可分割的整体；超大规模集成电路则是系统的集成。由于大规模集成电路是微电子技术的基础，具有许多独特的优点，又适于大批量生产，所以它一经产生就得到了广泛的应用。

由上所述，集成电路的产生，为电子技术开创了微型化的道路；集成电路的发展状况代表着本国家的微电子技术水平；集成电路30多年的神速变革，带来了微电子技术经久不衰的高速发展。所以说集成电路是微电子技术的核心。

为什么半导体具有特异功能

随着电子计算机、电讯和其他电子技术的发展，作为制造这一切电子设备的基本材料——半导体，早已成了现代科学技术的宠儿。半导体材料中应用最早、最广、影响最大的首推"硅"。硅在元素周期表中排第十四位，属第Ⅳ族，它几乎存在于自然界的所有岩石和沙粒之中，含量占地壳总量的1/4。在元素周期表中，硅所属的第Ⅳ族正好介于金属和非金属之间，这一族中除硅外，还有锗。俗话说，近墨者黑，近朱者赤，科学家们已从第Ⅳ族的左邻右舍，即第Ⅲ族和第Ⅴ族元素的相互化合物中找到了一连串的新的半导体材料，如锑化铝、磷化铟和砷化镓等。砷化镓已成了使硅显得黯然失色的新星，它比硅锗等半导体还多了一个发光的特异功能！

什么是半导体？

半导体就是指导电性能介于金属和绝缘体之间非离子性导电的物质；电导率从 $10^5 \sim 10^7$ 姆欧/米。一般是固体。与金属情况完全不同，半导体中杂质的含量和外界条件的改变（如温度变化，光照射等）都会使半导体的导电性能发生变化。

半导体有哪些独特的性能？

1. 导电能力变化多端，且易于控制。半导体的导电能力是随杂质含量和外界条件而变化的，通过改变杂质种类和含量，控制温度和光照等外界条件，即可得到所需的导电性能，如硅在200℃时的导电能力比室温下大好几千倍；如在硅中掺入一千万分之一的某种杂质，其导电能力增大几十万倍。

青少年国防知识丛书

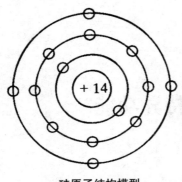

硅原子结构模型

2. 具有金属望尘莫及的空穴导电性能。一切物质都是由原子组成的。原子是由原子核和若干个绕核运动的电子构成的。在原子中，电子绕核运动，各有各的轨道，例如硅原子的结构中，原子核的外面共有14个带负电荷的电子，鉴于原子都是中性的，所以硅的原子核就带有14个正电荷。这些电子分层环列在原子核的周围。靠核最近的第一层有2个轨道，只能被2个电子占有；第二层有8个轨道，可以有8个电子；剩下的4个电子就只能排到第三层了。这四个电子在最外边，离核最远，受核的束缚也最小，通常称为"价电子"。当半导体中掺入五价元素磷的杂质时，由于磷的最外层比硅的最外层多一个电子，因此就能形成像金属那样的电子导电。人们称这种杂质为"N型杂质"；相应的半导体则被称为"N型半导体"。如果掺入的是3价元素硼，情况就不同了，硼的外围只有3个价电子，比硅外层少了一个电子。这相当于每加入一个硼原子杂质，就多出一个能容纳电子的"空位"。这种空位也称"空穴"。因此这种半导体就形成空穴导电，即它的电流是由带正电荷的空穴运动而形成的，这种具有空穴导电能力的半导体与相应的杂质，则分别称为"P型半导体"和"P型杂质"。这就是比金属多一种的空穴导电方式。

3. 具有不可逆转的单向导电性能。在半导体中，当N型和P型接触时，由于N型中的电子浓度高于P型，因此它的电子会向P型区扩散；同样，P型区的空穴浓度高，空穴会向N型区扩散，于是交界面的两侧形成了由于正、负电荷积累而成的薄层（称为"空间电荷区"），并且由于正负电荷薄层的存在就产生了一个内部电场。显然这个电场对扩散是起阻挡作用的，这个空间电荷区通常被称为"PN结"。如果在PN结上加正向电压（即P接正极），则外电压形成的电场与内电场的方向相反，于是内电场被消弱，破坏了平衡，PN结中就发生了电子和空穴的流动，即

有了电流。当加反向电压时，外加电场与内电场方向一致，使内电场加强，更加阻挡电子和空穴的流动，自然就没有电流，这样就形成了PN结的单向导电性。

正是由于半导体有了上述突出的了不起的"特异功能"，使它在微电子技术飞速发展的当今时代，与集成电路结伴而行，在高科技领域成了几乎无所不在，无所不请的座上宾！

性格文静的计算机为什么
备受军事王国的青睐

　　战争比任何其他人类活动都更加依赖于当时最有效的高技术，所以军事部门往往成为科学技术从理论研究到实际应用的试验场和中转站。无论是雷达的面世，还是原子弹的亮相，以至于 20 世纪最辉煌科技成果之一的电子计算机，都毫不例外地孕育在血与火的战争中。

　　第二次世界大战期间，美国军事专家为了给研制的新武器编制射表，请了 200 多名专家和计算员用机电式计算机算弹道。可是要编制一个完整射表，需要 2～3 个月时间，根本解决不了燃眉之急，为此宾夕法尼亚大学的莫克利提出了关于研制"电子管计算机"的建议，并于 1943 年 6 月与军方签定了合同。经过近 3 年的努力，于 1946 年 2 月 15 日举行了"电子数值积分和计算机"的揭幕典礼（其英文简称：ENIAC），以后人们就把这一天作为电子计算机的诞生日。该计算机采用了 1.8 万多只电子管，重达 30吨，其运算速度达 5000 次/秒，比原来的机械式计算机的功效提高 1000多倍。

　　第一代电子管计算机（1946—1958 年）开创了计算机用于科学计算的先河，为原子弹、导弹和人造卫星等的研制工作立下了汗马功劳。但由于它体积太大，成本太高，限制了它的应用范围，于是第二代的晶体管计算机（1958—1964）应运而生，秀气的身材、低廉的价格、较高的速度、可靠的使用性能，使它很快得到了广泛普及，并从科学计算扩展到自动控制和数据处理等众多领域。于是火炮有了计算机指挥的火控系统，导弹有了先进的控制系统，提高了射击精度。第三代是集成电路计算机（1964—1972），它体积更小，计算速度已达十几万～几百万次/秒，很快就被军方变成了精确制导武器的电脑，变成了通信和电子战设备的神经中枢，于是在 1972 年的越南战场上连爆冷门：4月，美在越南首次使用2.6万枚激光和电视制导炸弹，炸毁约80%的被攻击目标，使"长眼睛的炸弹"名声大震：12月，美国的B-52战略轰炸机被越方使用精确制导的地空导弹打下了 28 架。这都是计算神器在显神威。第四代是 70 年代初开始发展的大规模集成电路计算机，其体积更微型化，运算速度已达每秒亿次以上，而且性能各异、种类繁多，简直令人眼花缭乱：按用途，出现了专用和通用计算机；按性能，出现了微型、小型、中型、大型、巨型计算机五大类；计算机技术与通信技术相结合，出现了计算机网络，人们开始共享计算机资源。在海湾战争中，使用第四代计算机可在美国白宫和英国伦敦同时监视中东战况。

从 1981 年开始研制的第五代

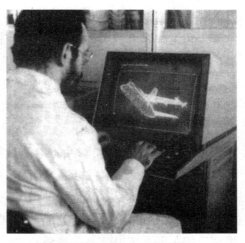

用电子计算机进行飞机外形设计

英国宇航公司的舰载自动信息处理系统

英国马可尼公司快速信息存贮与检索系统

人工智能计算机刚接近尾声，美、日、英等国已开始向第六代的神经网络计算机和光计算机进军，届时，用它们武装的人工智能武器又将成为未来战场上的主将。

目前，在一些西方国家，尤其是美国，从复杂的大型军用系统到单件武器装备，计算机几乎无所不在。巨型机可在瞬间完成战略攻、防系统浩若星河的数据处理；价格便宜的并行计算机则使高性能计算机的战术应用成为现实；而计算机加固及防电磁泄漏技术措施的实现，为计算机特别是微型机在军事上的应用开辟了更为广阔的前景。

现代战争是水下、水面、陆地、空中和外层空间对抗的主体战争，瞬息万变的战场势态，对快速准确地处理信息提出了更高的要求，因此计算机在现代军事系统中已上升到核心地位。用它可以高效地为战场指挥系统搜集、分析和处理信息，并可神速地完成战略武器的预警、识别、跟踪、拦截等任务，还可辅助指挥员迅速做出决策。体积更小的微型机和手持式计算器则广泛用于各种战术武器系统及侦察、监视、通信和后勤等部分。计算机对改善各种军事系统的性能、提高命中精度、充分发挥武器系统的威力、缩短军用产品的设计周期和降低成本都具有明显的效果。为此各国在武器装备发展过程中，特别重视计算机的研制和应用。可以说电子计算机和军事与战争结下了不解之缘，过去，现在和未来，它都会备受军事王国的青睐。

为什么说微处理器是微型
电子计算机的心脏

现代战争中使用的武器装备，无不仰仗高技术而提高了其作战效能。这些高技术兵器没有一件可离开微电子计算机的支撑。而在微电子计算机中已是微处理器起着最最关键的作用，所以把微处理机叫做微型计算机的心脏。

什么是微型计算机？这里的"微"，指的就是体积，是微电子技术发展起来后研制的微型电子计算机，也就是人们常说的微电脑。它也是由输入设备、存储器、控制器、运算器和输出设备组成的。与电子计算机相比，微电脑采用了"立锥之地，巧布千军万马"的大规模集成电路，所以它体积小，重量轻，价格便宜，可靠性高，从而迅速扩大了应用范围，从民用品中新一代的电视机、录像机、照相机等到军用通信设备、精确制导武器和自动化指挥系统，到处都离不开它的身影，更少不了它的参与。随着超大规模集成电路的发展和平板显示等技术的提高，便携式微型机也应运而生，在国际市场上出现了近百种便携式电脑，如笔记本型、饭盒型、香烟盒型等微电脑。这次海湾战争中陆战队员使用的便携式全球定位系统（GPS）接收机，不就是微电脑在军用通信设备中广泛应用的一个范例吗？可以说微电脑已经渗透到了社会的各个领域，目前一些家用电脑已走入千家万户，成了作家和企业家等人的亲密伙伴。有人称：微电脑是 25 年来世界工程技术十大成就之一。

什么是微处理器？它就是把计算机中的控制器和运算器结合在一起组

成的中央微处理器。这种由一片或几片大规模集成电路构成的中央处理器，体积虽小，但功能相当可观，所以它的应用已深入到社会的方方面面，并正在影响着人们的传统习惯，影响着经济建设和文化教育，影响着管理体制和部队的武器装备。请看下面的事实。

1. 微处理器的数值应用——数值运算。

数值计算也叫科学计算，就是用数学模型对所要研究的问题加以描述，选择算法，编写程序再使用电子计算机中的微处理器进行求解（数值解）。自然科学研究、工农业生产、国防建设领域的问题都可通过它来计算。

数值计算给科学研究方式带来了变革，对国防现代化建设具有深远的意义，如核武器最早就是利用数值计算取得成功的设计方案的。因为当时不可能创造那样的试验环境做核裂变反应，只有求助于数学仿真方法，在计算机上进行大规模的科学计算，模拟核反应过程中各种因素的相互作用，深入了解和掌握核反应的变化规律，从而选出正确的设计方案。又如1991年海湾战争爆发前夕，美军采用电子计算机进行了"作战方案评价数学模型"和其他相关的数学模型的作战模拟计算。对制定作战计划"沙漠盾牌"行动的战略部署、部队、人力、弹药需求及战区防空、弹道导弹防御等方面进行评估，都提供了分析和预测意见，到战役结束，共在计算机上进行了500个回合，对战争的胜利做出了贡献。

2. 企业管理。

用微型机系统管理企业投资少见效快，可提高工作效率和增加经济效益。

3. 实时控制。

结合不同的对象进行实时控制，现已大量采用，如大规模的自动化生产、运载火箭和导弹的发射等。

4. 情报检索。

在信息爆炸时代，靠卡片不可能把你所需的资料收集全，用微处理器建立的检索系统，就可以帮你把瞬息万变的信息、资料一览无余。

5. 数据处理。

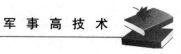

泛指除科学计算以外所有计算的其他形式的数据资料处理。如统计报表、起草文稿、提供资料等。

6. 办公自动化。

用电子计算机存贮和查找所需资料、打字、复印文件、计算所需数据等。

如果把微电脑比作一个工厂，那么组成微处理器的控制器就相当于生产科，运算器就相当于生产车间。如果没有生产科组织指挥，没有生产车间进行生产，那么做为存储器的仓库存什么产品？作为输出设备的销售科去卖什么？所以说微处理器乃是微电子计算机的心脏！

计算机系统为什么分硬件和软件

电子计算机系统，是由硬件和软件两大部分组成的，有人把硬件比做人的躯体，软件比做人的神经系统，当它们健康存在，互相配合，组成一个整体时，才能具有解决问题的能力。如果神经中枢出了问题，变成了植物人，那就不能完成原来担负的工作任务了。如果只有硬件而没有相应的配套软件，计算机当然也发挥不了应有的作用。

什么是计算机的硬件呢？硬件就是指计算机的实体，即由电子器件、机械设备和其他器件组成的设备，一般指电子计算机的输入设备、控制器、存贮器、运算器和输出设备这五大组成部分。在许多实用系统中，硬件还包括各种转换器和其他专用设备。如把电子计算机系统比做一个工厂，输入设备就相当于工厂的供应科，它输入的不是原材料而是原始数据和程序，常用的输入设备有纸带输入机、卡片输入机、光学字符输入机、图形扫描仪、语音输入设备等。控制器相当于工厂的生产科，调度指挥全厂的生产，它控制指挥各硬件间的信息往来和运算，并把结果输送出来。存贮器相当于工厂的仓库，它是计算机的记忆仓库，用于存贮程序、数据和处理结果。它又分内存贮器和外存贮的两种，内存贮器也叫主存贮器，通常用大规模集成电路构成；外贮

存器，如磁盘、磁带、光盘等，也叫"辅助存贮器"。运算器相当于工厂的生产车间，它在控制器直接指挥下完成各种加、减、乘、除的算术运算和不等、等于、大于、小于等逻辑运算。输出设备相当于工厂的销售科，它送出计算机的运算结果，如数字、符号、图形和语音等。常用的输出设备有打印机、显示器绘图仪、纸带输出机、语音输出设备等。

上述硬件中的控制器和运算器合称"中央处理器"，简称"CPU"；中央处理器和主存贮器合成中央处理机，简称"主机"；输入、输出设备和辅助存储器等统称"计算机外围设备"。

计算机软件是各种程序及其有关资料的总称，分应用软件和系统软件两种。应用软件是为解决用户的特殊问题而编制的程序，如军队指挥自动化系统（C^3I）中的信息处理软件，火炮系统的火控程序等。系统软件是计算机生产厂为提高计算机的使用效率，发挥和扩大计算机的功能和用途简化使用方法，使用户便于掌握计算机而编写的一系列程序；它是随计算机硬件一起购买时提供的，如编译程序，操作系统、程序库等。

计算机的硬件和软件是怎样配合进行工作？下边以计算"$10-2\times4$＝？"的实例加以说明：

第一步，启动计算机；

第二步，在系统软件管理下，由输入设备向存贮器输入编好的计算程序"×""－"和原始数据"2，4，10"，并存入分配的存贮空间；

第三步，根据操作系统安排，中央处理器进入执行用户程序状态，并按"计算程序"进行自动操作控制器按顺序从内存储器中逐一取出程序指令，并产生控制相应设备的操作命令；令运算器取出参加运算的被乘数2和乘数4，进行 2×4 的乘法运算，求得乘积8，并存入内存贮器，再取出被减数10和减数8进行 $10-8$ 的运算，得到结果2，并将其存入内存贮器。

第四步，中央处理器退出用户程序运行状态，进入系统软件管理状态，输出设备在操作系统支使下，将运算结果2打印在纸上，或显示在屏幕上。这个题运算完毕。

由上不难看出，硬件是软件运行的物质基础，而软件是硬件发挥作用所需的必要手段。同样的一台计算机，其解决问题的本领主要取决于软件功能，所以说只有计算机的硬件而没有配套的软件，那就不能发挥应有的作用。只有两者结合在一起，电子计算机系统才能成为人们得心应手的工具！

为什么说巨型计算机是各国争夺
计算机高技术的一个制高点

　　未来战场将是各种先进探测技术大显身手的天地。无论是外层空间的反弹道导弹战略防御系统，还是陆地、海上和空中的侦察、监视、电子对抗、作战指挥、火控系统等，其共同特点之一，是大量传感器充斥其中，产生的原始数据有如天文数字。据测算，20世纪90年代战场电磁信号的平均密度将达每秒100万～1000万个脉冲，频率上限至40千兆赫，且发射频率多变，脉冲重复间隔有稳定、不稳定、交错、伪随机等多种形式，加之展布频谱、杂率捷变等新技术的应用，使数据处理的工作量大大增加。因此，从某种意义上讲，以计算机为核心的数据处理设备能否准确、及时地对各种传感器获得的数据进行采集、整理、分析、处理、显示和分配，将成为未来战争中把握战机，克敌制胜的关键。于是每秒运算1亿次以上的巨型计算机便成了各军事强国竞相争夺的制高点，90年代也就成了高性能巨型机蓬勃发展的年代。

　　什么是巨型计算机？通常把每秒1亿次浮点运算以上的计算机称为"巨型机"，它在结构和软件设计等方面，代表着当时计算机技术的最高水平。世界上第一台巨型计算机是1976年美国研制成功的"克雷－1"，其速度是8000万次/秒；1985年投入使用的"克雷－2"其速度为2.5亿次/秒；20世纪90年代中期的"克雷-4"将达到1280亿次/秒。其性能约每5年提高一个数量级。

　　巨型机分为向量结构巨型机和大规模并行结构巨型机。向量结构巨型机采用传统的计算机结构，即以一个处理器为核心，数据按一定时序在中央处理单元和存储器之间往返流动，一步步地完成整个运算过程，其运算速度提高到一定程度后，再提高，难度很大。其结症在于"冯·诺尹曼"计算机的"瓶颈问题"，90年代将在增加处理机的数量和速度提高并行度，采用

美国克雷公司的Y/MP/2E型巨型计算机

超高速砷化镓集成电路芯片等方面提高其性能。据称，在巨型机市场占垄断地位的美国"克雷"研究所和在非并行结构计算机领域占优势的日本计算机行业，在90年代仍将继续发展向量结构巨型机。

并行结构巨型机，是20世纪80年代由于高级芯片的发展才开始研制的，其特点是设有中央处理单元，运算过程由多个处理单元同时进行。其数据处理方式有两种：一是多指令多数据方式，即将一条长指令分成若干段，分别由多个处理单元同时执行；另一种是单指令多数据方式，多个处理单元同时执行同一条指令。数据在并行机众多处理单元之间的分配由软件协调，所以并行结构巨型机在很大程度上依赖于软件，与向量机相比，其软件设计较复杂。另外它运算速度高成本低，如美国的"CM-2"大规模并行巨型机，其运算速度达100亿次/秒，为向量巨型机的10~100倍，而价格仅为其1/10左右，因此它具有更大的应用潜力。随着大规模集成电路技术和装配技术的发展，并行结构巨型机的体积将越来越小，加固后可装在飞机、车辆、军舰和航天器上使用，在军事上有着广阔的应用前景。

从目前看，巨型机在解决复杂的科学计算、先进武器系统的计算机辅助设计、喷气发动机气流模拟、大型高马赫数飞行器的风洞模拟、流体力学的计算等方面，已显示出不可取代的作用，是当前国防科研第一线的尖兵！

在巨型机的发展和应用方面，美国都处在领先的地位。目前，各国安装使用的大规模并行结构巨型机已达数千台。军用系统使用中，单指令多数据并行巨型机占多数，其应用领域有：潜艇超视距瞄准；图像信号处理；敌我识别，C^3I作战模拟；通信情报，多普勒雷达及合成孔径雷达数据处理；数据/图像合成，雷场探测；电子战及雷达告警等。

目前巨型计算机的研制水平、生产能力和应用程度，已经成了衡量一个国家计算机发展水平的重要标志。它可在瞬间完成战略攻、防系统浩如星河的数据处理，提供正确的决策依据，成为战争中决定胜负的关键之一。这便是巨型计算机在20世纪90年代成为各国在计算机领域进行争夺的制高点的原因所在。

为什么说用计算机病毒进行战争
比核武器进行战争更有效

1988 年 11 月 2 日晚，美国麻省康奈尔大学计算机系研究生莫里斯把病毒程序植入计算机网络系统。不料这程序神速地不断自行复制，迅速传染，至 11 月 3 日凌晨 3 时，病毒已从东海岸传至西海岸，致使美国军方的阿帕网和军用网中的大约 8500 台计算机受袭击，大约有 6000 台计算机关机，直接经济损失近一亿美元。该病毒令美国白宫和五角大楼非常震惊，当时的总统里根为此召见了国防部长要他制定更严格的安全标准。

莫里斯的病毒程序，是利用了阿帕网的三大漏洞才得以进入的：一是计算机内保留了调程软件；二是计算机运行程序中有活门（后门）；三是使用了不安全的操作系统。调程软件是帮助程序员查错改错的一种工具软件，利用它可把要修改的程序调出来，进行检测，跟踪修改；程序中的活门是设计网络电子邮件程序的设计人员为了存取正在研究的项目设置的，当他们完成工作后，忘记了关闭；Unix 操作系统是一个开放的系统，这有利于共享资源，但也容易被侵入、被袭击，这件事暴露了它的不安全性。

通用数据公司（Data General）的 D46T 型计算机终端，具有完善的防电磁混漏功能

什么是计算机病毒呢？就是指能够修改或破坏计算机正常程序的一种特殊的软件程序，亦即一段计算机代码。它能像生物病毒那样，传染给其他程序，并通过被传染的原计算机程序进行活动，而且能在计算机中自我繁殖、扩散，使计算机不能正常运行。

计算机病毒的种类很多，目前已发现的就有 20 大类一百多种，按计算机病毒所攻击的方向可分为操作系统型和应用程序型两种。操作系统型病毒，在运行时用自己的逻辑部分取代部分操作系统的合法程序，可导致系统的瘫痪，如大麻病毒和巴基斯坦病毒；应用程序病毒又分为源码型和目标码型，前者在程序被编入之前插入到语言的源程序中进行破坏，后者对已经可执行的目标程序进行攻击。从攻击的方式上，又可分为外壳型和入侵型两种病毒，前者是不改变依附的程序，只是在源程序开始和结束的地方加上病毒程序；后者是在所依附的程序中插入病毒程序。

计算机病毒一般具有三个基本成分：一是主控程序，二是传染程序，三是破坏程序。

计算机病毒的特点是程序量小，具有依附性、传染性、破坏性、潜伏性和持久性。程序量小是指计算机病毒所需的代码量小，因此隐蔽性好，不易被发现；依附性是指计算机病毒依附在某种具有用户使用功能的可执行程序上，才有可能被计算机执行；传染性是指当被依附病毒的程序运行时，它很快就传染给整个计算机系统或计算机中心及其网络；破坏性是指它可毁掉系统内的部分或全部数据，也可对数据进行篡改，甚至使系统瘫痪；潜伏性是指它能潜伏下来等待时机，一旦条件成熟便兴风作浪进行破坏；持久性是指即使病毒程序被发现以后，数据和程序以至操作系统的恢复都非常困难，病毒还会持续地发挥作用直到被彻底清除为止。

从计算机病毒的性能、特点就不难看出，它将成为一种新的更有效的电子对抗手段。因为现代战争对计算机的依赖性很强，许多国家军队的各项活动，如国防决策、作战指挥、武器控制、情报处理和储存、装备，乃至部队管理等都大量采用计算机，如果采用电子计算机病毒对敌方实施袭击，肯定会收到料想不到的结果。

①用计算机病毒袭击自动指挥系统，如 C³I，就能使司令部瘫痪；或者使他们做出错误决策，使整个战争失利；

②如精确制导武器中的电脑被病毒感染和破坏，就可能使武器失控、自伤、自炸或误伤；

③可使电子战武器、装备中的电子计算机按病毒程序行事，从而使它们失灵，或起相反的作用；

④可使空袭兵器执行敌方设计的病毒程序，飞往本土进行狂轰滥炸等；

⑤可用计算机病毒袭击国家首脑机关的计算机软件，使其出现未战先乱的局面；

⑥可用计算机病毒窃取敌方的情报为我所用。如 1989 年 3 月，某计算机专家，通过联邦德国的计算机网络窃取了美、日及联邦德国的计算机中心和航天局数据库的重要资料。

计算机病毒一旦用于战争，将把人类带进一个崭新的作战领域，它将比用核爆炸的办法更有效、更经济。

为什么说世界将出现计算机战武器

　　1987 年，德国有人将一种程序引入美国航空航天局的 200 台大型计算机，使该局多年来积累的重要资料全部销毁；1988 年 5 月 31 日，以色列数万台计算机被"耶路撒冷病毒""摧毁"；同年 11 月 2 日，美国一个计算机网络大约 6000 台计算机染上"莫里斯蠕虫"病毒，致使某些军事要害部门的计算机失灵 24 小时，造成大量数据丢失，直接经济损失 1 亿多美元；1989 年 10 月 13 日，荷兰 10 多台计算机被病毒感染而失灵；同一天，韩国运行中的计算机也 70％感染了病毒……计算机病毒已成为世界公害，尤其对军事力量构成了严重威胁。就在人们对此深感震惊和不安的时候，一些国家的军界，早已捷足先登，开始研制计算机战武器，以赢得未来战争的主动权。

　　所谓计算机战武器，属于软杀伤范畴，其原理是在远距离把计算机病毒侵入战术导弹、飞机、坦克、军舰及 C^3I 系统的电子计算机内，使其失灵或混乱，或为我所用，以达到不战而取胜的目的。

　　计算机战武器的机理大致有两种：一种是病毒直接从主系统侵入，如对战术电子主系统进行攻击；另一种是间接攻击，让病毒从辅助系统进入，如电源系统、推进系统、温度控制系统等。计算机战武器的关键，是知道目标计算机及其芯片的性能和如何把病毒植于其中。间接攻击法使用较广泛，它是有针对性地从敌防御薄弱环节侵入，然后再传染到目标系统中去。如对敌指挥控制中心的间接攻击，其病毒是先进入无保护性通信系统中，然后传入其他地面防空系统，再由防空系统与指挥中心的联系网络侵入目标系统。直接攻击法虽然见效快，但不易成功，因为目标系统正面都有严格保护措施。

有矛就有盾，一方用计算机病毒入侵，另一方就从技术上采取对抗措施：采用加密设计，使病毒难以进入；为计算机系统配备病毒检测和报警程序；研制计算机病毒"疫苗"，增强计算

加固型军用计算机工作站

机自身抗病毒的能力；研制安全的操作系统，以防止计算机病毒袭击；对重要程序和数据文件，设置禁入保护。另外还要加强管理，严格使用制度；建立备份制度和介质分组管理。一场计算机病毒对抗的序幕已经拉开，在世界范围内，一些先进国家，已摆开架势竞相发展。

美国防部在20世纪80年代末，就率先采取行动，提出并召标研制比当时所有病毒都更有效的军用计算机病毒，要求不仅能通过有线，而且通过无线电感染敌方计算机系统，破坏或摧毁敌方指挥、控制、通信能力。为此，1990年就拨出专项巨款签定了第一批研究计算机病毒的技术合同。美国还集中专家，组建了一个代号为"老虎队"的组织，主要任务是检验空军计算机网络的安全程度，实际上就是进行计算机病毒对抗技术的研究。据说，目前美军已研究试验了直接打入、间接打入和前、后门耦合技术。还研究和试验了五种进攻方式：一是"特洛伊木马"式，即病毒打入目标后，不是马上对目标进行破坏，而是潜伏下来，待机激活后，再进行破坏；二是强迫隔离式，病毒打入目标后立即进行破坏，迫使敌方各系统与控制中心隔离造成混乱；三是刺杀式，专门用来毁灭一个文件或一组文件，且不留任何痕迹；四是超载型或加重负担型，这种病毒进入电子系统后，便大量地复制和繁殖，大规模地占据计算机的内存，使其超载而不能工作；五是间谍型，这种病毒能寻找指定的信息和数据，并将其发送到指定地点，以获取敌方情报。

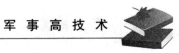

　　其他的军事大国在这方面的研究也初步具备了一定的规模。世界上已出现了一个专门研究对付计算机病毒的学科——"计算机医学"。虽然刚起步不久，但不难想象，在未来战争中，这种全新概念的电子计算机战武器，定会大显身手，取得惊人战绩。

为什么说神经网络计算机将会
对国防带来重大影响

现代智能计算机以及在此基础上发展起来的各种专家系统，虽已能解决许多复杂的计算和信息处理问题，但对处理感知觉、模式识别、机器人控制、常识表达等问题，却遇到一些难以克服的困难，而运算速度比高级计算机慢得多的人脑却能轻而易举地处理这些问题。于是，人们在研究人脑结构、功能与运行机制的同时，开始探索能模仿人脑思维功能的神经网络计算机。

神经网络计算机是全新原理的计算机，有人称之为"第六代计算机"。它是模拟人脑信息处理功能，通过并行分布处理和自组织方式由大量基本处理单元相互连接而成的系统。它具有思考、记忆和问题求解的能力，特别擅长解决"形象思维"问题。其主要特点包括6个方面。

1. 结构上与人脑神经网络相似：其神经网络由大量的具有简单功能的处理单元，通过复杂的网络连接而成；而数字计算机是以复杂的中央维处理机为核心组成的。

2. 别具一格的信息贮存：数字计算机是以特定的存贮空间

英国的"人工神经网络"

存贮信息，计算时按地址寻找内容；而神经网络计算机中信息的存贮与计算机合为一体，以在联模式存储信息，查询任何一部分信息也将回忆起所有有关的事实。

3. 快速准确的信息处理：神经网络计算机的信息处理是在大量处理单元中并行而有层次地进行，运算速度较快；而数字计算机是串行离散符号处理，不仅速度慢且易出差错。

4. 具有一定的形象思维能力：神经网络计算机可处理一些环境信息十分复杂、知识背景不清楚、推理规则不明确、信源模式多变甚至矛盾的问题，能从典型事例中学会处理具体事例，给出比较满意的结果；而数字计算机利用数字和逻辑函数做"是/否"的判定，很难处理模糊问题。

5. 具有较强的容错能力和强壮性：神经网络计算机的信息处理能力由整个网络决定，有相当地冗余度，其部分损坏，不影响整个系统的结果；而数字计算机必须通过特殊的设计来实现。

6. 具有一定的适应性和学习能力：神经网络计算机无中央存贮器，是一种变结构的系统，完全以学习或自适应功能代替电子计算机的程序控制方式与软件，具有较强的抗"计算机病毒"的能力，且保密性好。

神经网络计算机的这些特点是其他计算机无法比拟的，所以受到了各国军方的宠爱和青睐。目前许多国家除将神经网络应用于工业、金融、图像压缩外，又都致力于军事方面的应用与开发。美国约有 3000 名科学家在从事神经网络计算机的研究，美国防部在 1988 年制定了一项投资 4 亿美元的 8 年研究计划，现已处在领先地位；日本雄心勃勃，要与美国比高低，1988 年率先提出"第六代计算机计划"；英国宣称要在 10 年内赶超日、美。德国和以色列也猛起直追，展开了这方面的研究工作。

在 1991 年国际人工智能会议上，提出"今后人工智能的发展方向不再是建立大规模知识库，而是研究人脑的工作机制。"这就表明神经网络计算机将是今后发展的主要方向。现在神经网络计算机虽然处于初级阶段，但应用相当广泛。现举其军事应用的情况加以介绍。

1. 目标识别：使用神经网络传感器，可大大改善未来武器系统的性能，提高识别能力，发现和攻击来袭之敌。

2. 目标跟踪：美已研制出一个处理多目标跟踪问题的神经网络系统，试验结果表明该系统的处理时间不受跟踪的目标数量大小的影响。

3. 军用机器人：美研制的神经网络机器人具有很快的响应速度，以层次方式连接，能自上而下进行命令分解，完成传统机器人所不能担负的任务，应付没有预料到的战场情况。

4. 战术指挥辅助决策：神经网络中信息的存贮和操作是合二为一的，易于快速联想、迅速类比、对复杂问题进行概括，及时改进规则；在瞬息万变的战场上辅助指挥和决策可大大提高作战指挥效应。

5. C^3I 系统：德国研制的一个神经网络管理系统，已被用作监控欧洲防卫开发网络，它连接 14 个开关并与英国、西班牙和土耳其的主要干线相联。这种功能是传统的 C^3I 系统无法实现的。

6. 海洋探潜：美国研制的神经网络信号探测系统，比声纳员工作更可靠。在判断识别潜艇和水面舰船时，声纳操作员的正确率为 $70\%\sim75\%$，而它为 98%，并且不会产生虚警，预计该系统在 1995 年装备部队。

可见，神经网络计算机已在军事领域悄悄崛起，并孕育着突破性的进展。其发展前景十分诱人，不久的将来，它便会取代现有的数字计算机在军事领域大显身手，对国防产生重大影响。

为什么说电子对抗技术缔造了第四维战争

诺曼底登陆战役中，战役开始前盟军为达到声东击西的目的，首先从假的蒙哥马利、巴顿司令部里不断拍出假电报，在假的"无线电训练"中又故意"泄密"，让德军的侦听系统对这些虚张声势的假情报信以为真，并传给德军统帅部。接着，又在攻击开始前，以无源干扰器材模拟了两支舰队和护航机群，向弗勒海、加莱—布伦海岸驶去；以另一支假的飞机编队模拟了在瑟堡地区的空降行动；又以带有干扰器材的飞机，对其警戒雷达施放杂波干扰，以空中佯动兵力将德军的大批夜间战斗机诱骗到加莱地区。由于这样巧妙地实施电子骗局，致使狡猾的德军中了"调虎离山"之计。盟军取得了诺曼底登陆的胜利，这便是世界上第一次较成功的大规模运用电子干扰技术进行的"电磁战"。由于它不同于原来在正面、纵深、高度三维空间进行的战争，所以也称其为"第四维战争"。

1991年"沙漠风暴"中的第四维战争，集中了迄今为止最先进的电子对抗技术，应用了周密而完善的电子战战术，创造了高技术战争中电子对抗的新模式。

在电子对抗技术方面，体现在它采用了种类齐全、技术先进的电子战装备，其技术水平比英阿马岛海战时先进2~3代，如战区的侦察、指挥、控制和通信主要通过卫星实现。空间卫星与地面设备构成了完善的 C^3I 系统：美6颗国际通信卫星为中东美军提供与本土的联系；全球定位系统（GPS）为其飞机和舰船提供精确导航和定位；气象卫星提供战场气象信息；预警卫星监视伊军的导弹发射，种类齐全的约100架电子战飞机和所

有作战飞机都装备有干扰设备
和精确制导的先进武器。仅 B-
52 轰炸机就装备了第一次投入
使用的高能激光致盲系统，它
足以使高炮光学指挥仪和炮手
致盲。除此之外还在战前对要
投入使用的 PC 计算机进行了计
算机病毒检查，将发现的三种
病毒进行了处理，消除了隐患。
同时美国还在伊拉克从法国订
购的电脑打印机中，置入了一块
由美国安全局专家设计制造的病
毒芯片，其目的是使使用该打印
机的伊防空指挥系统在战争打响
后彻底失灵。据美国官员说，这
一行动达到了预期目的。这就是
说美国的"计算机病毒战"武器
技术已从实验室走向了实战，使
电子战又多了一支劲旅。海湾战

B-1B 轰炸机装置了 ALQ-161 电子对抗系统，可对付 100 部敌雷达，增强了飞机的突防能力

美国E-2C是目前最有效的舰载预警控制飞机

争中还首次使用了"碳纤维干扰技术"，使开战后数小时内伊方电厂停止工
作。这使电子干扰技术又开辟了新领域。

在电子战战术方面，多国部队战前进行了周密的电子侦察，对战略目
标和战术目标进行了精确定位；开战前 24 小时，用高强度电磁波进行电子
轰炸，首战便是 C^3I 对抗，用 F-117A 隐形飞机携带激光制导炸弹摧毁了
通信指挥大楼，用"哈姆"等反辐射导弹进行硬摧毁。然后协同运用电子
战手段，将电子战飞机与战斗机、轰炸机密切配合，支援干扰与自己干扰
协同进行，软硬杀伤同时进行，使电子战和传统战都充分发挥了威力。

海湾战争中的电子战由于有技术先进的电子战设备做后盾，加上灵活周密的战术，为取得战争胜利立下了汗马功劳，同时创立了高技术战争中电子战的模式，即①电子战是战争的先导；②电子战贯彻战争的始终；③电子战渗透到战场的各个领域和各个方面；④"软"杀伤与"硬"杀伤并用，是电子战的基本手段；⑤电子战的重点是 C^3I 系统的对抗。

电子对抗技术的发展趋势是：

①实现微波、激光、红外侦察告警设备一体化，实现各种情报信息处理、火控与电子战设备一体化；

②光电对抗将上升为电子战的重要手段，要研制对红外激光等制导导弹进行对抗的技术和设备；

③进一步发展隐形技术和伪装技术；

④向毫米波领域迈进，目前毫米波侦察和告警技术已达到实用阶段，因此要研究其对抗手段。

随着电子对抗技术的不断发展，未来的第四维战争肯定会越打越精，并发生令人难以预料的变化。

为什么说"现代国防"在某种
意义上讲就是"电子国防"

在海湾战争中,以美为首的多国部队共出动了70多万人的兵力,其中美军仅死亡148人;共出动飞机11万多架次,平均每天250架次,损失60多架(含故障坠毁)。战损率为0.35%。而伊拉克伤亡了12.5万人,被击毁和缴获的坦克3847辆,装甲车1450辆、火炮2917门、飞机300架。从双方损失看,多国部队创造了现代战史上的奇迹,而取得这一奇绩的一个重要因素,是多国部队在战争中占据了强大的电子优势。伊方虽在军队和武器数量上与多国部队不分上下,但其技术、战术、装备落后,在电子技术上明显处于劣势,从而处处被动挨打。可见电子技术已直接影响到了战争结局,所以有人说,从某种意义上讲,"现代国防"就是"电子国防"。

为什么这样讲呢?请看电子技术对军事领域诸多方面的影响。

1. 电子技术对作战指挥的影响:以电子计算机为核心的侦察、通信、指挥、控制四位一体的自动化指挥系统使搜集、处理战场信息的效率大大提高,使信息对抗成为决定作战成败的决定因素。由于现代战争参战的兵种多,战斗类型转换快,情况变化急剧,需要指挥员及时处理战场信息,并迅速作出决策,指挥战争全局顺利进行,所以自动化指挥系统成了决定战争胜负的重要因素。

2. 对军队编成的影响:随着现代电子技术的发展而出现的"软兵器"和"软硬一体"作战方式,对军队编成产生了重大影响。目前,一些国家军队的通信兵、雷达兵、导弹兵、电子对抗兵等专业技术兵种数量已超过步兵，并实现了由步、坦、炮等兵种的独立编制向诸军兵种合成编制的过渡。将来随着软硬一体作战的需要，电子对抗兵还必须与拥有进攻性武器系统的兵种部队在编制上高度合成。

3. 电子技术对作战方法的影响：在现代战争中，部队战斗要素能否充分发挥其作用，在很大程度上取决于能否夺取电子对抗的主动权和迫使敌方丧失电子对抗的能力，所以电子战是现代空袭的先导，由它拉开战争的序幕并贯穿战争的全过程。夺取制电磁权是电子对抗的关键，海湾战争表明，谁掌握了电子技术的优势，谁就拥有制电磁权，谁就掌握了制空权和地面、海上作战的主动权，从而最后赢得战争的胜利。

4. 电子技术对武器设备的影响：它加快了武器更新换代的速度，且使武器设备的性能不断提高，技术日益复杂，从而增大了战场上作战双方的突袭力和破

通信电子战系统

意大利电子公司的"ARIES"机载电子战系统

坏力及电子对抗能力。由于电子技术发展周期短、换代快，而新式武器装备更新周期偏长，因此以技术储备为主，研制与改造相结合，采取多研制少生产、梯次更新的原则，乃是武器生产的战略措施。

5. 电子技术对军事训练的影响：由于性能先进操作复杂的技术兵器和军事电子技术、战术的广泛运用，要求从事有关专业的官兵必须具有较高的文化程度和良好的专业素质。因此，使军队的教育训练层次明显提高，内容日益复杂，地位更加重要，而且训练时间趋长，并逐步实现军队职业化。

得克萨斯信器公司的战术任务处理机及共用组件

6. 电子技术对后勤的影响：运用电子计算机技术抓好管理，可使后勤管理更加科学化、精确化、高效化。它给后勤管理带来了新的革命，大大节省了人力、物力、财力资源，使后勤补给做到保障有力，及时准确保证军队建设和作战需要。

总之，军事领域电子技术的迅速发展，已使它对战略战术产生了巨大的影响，可以说如今的任何重大的军事技术都离不开电子技术的参与，所以说从一定意义上讲，"现代国防"已成为"电子国防"。

为什么说未来谁掌握了电子对抗技术的优势，谁就掌握了战争的主动权

1986 年 3 月 23 日下午，美国三艘航空母舰开到锡尔特湾以北海域，并派出几架 F－14 "雄猫" 战斗机一次次地向利比亚 "叫阵"，直到 24 日下午利比亚防空部队忍无可忍，便发起反击。只见 2 枚苏制 "萨姆－5" 导弹拖着火光从利比亚沿岸的导弹基地向美军的飞机袭去，但这两枚曾闻名于世的导弹却都偏离了原来的方向而坠入大海，接着又发射的 4 枚苏制导弹还是照旧落入海中。原来这是美国的电子战飞机——"徘徊者"，用其高效能的欺骗式干扰机发射了与目标回波信号相同或相似的信号，使敌方雷达观测员分不清真假目标，或是得出错误的目标信号，从而产生方位和高度误差，欺骗敌方导弹傻乎乎地跟踪假目标，才导演了这 "六枚导弹沉入大海" 的惨剧。这就是电子对抗的典型战例之一。

什么是电子对抗呢？

电子对抗是双方利用电子设备或器材进行的电磁斗争，目的是使敌方电子设备效能降低或失效，而保证己方电子设备效能得到充分发挥。美国和原北约国家称之为 "电子战"，原苏联和华约国家称之为 "无线电电子斗争"，我国称之为 "电子对抗"。

电子对抗的主要内容有电子侦察、电子干扰、电子反侦察和电子反干扰，所涉及的技术领域有雷达对抗、通信对抗、光电对抗、导航对抗、遥测遥控对抗、电子计算机病毒对抗等。电子对抗技术有很强的针对性，不被干扰的电子系统和特别有效的电子侦察、电子干扰技术都不会长期存在，

美国 B－1B 轰炸机装备的 AN/ALQ－161 电子战系统

世界上第一次大规模成功的电子对抗是诺曼底登陆战役。在越南战争、中东战争和各种局部战争中其对抗逐渐升级，它在战争中的地位也愈加重要。实践证明，这种依据电磁信息交换的特点，在空间展开的"软杀伤"斗争是保存自己、消灭敌人，掌握战争主动权的重要手段。

电子侦察是利用地面侦听站、电子侦察飞机、电子侦察船、电子侦察卫星等，对敌方通

电子技术在高技术兵器中的地位独特，无核国家的常规威慑战略中都把发展或引进高、精、尖的电子技术作为提高兵器打击能力的有效途径。图为安装在瑞士"猎人"（Hunter）战斗机上的 AN/ALQ171 机载电子战系统

信、雷达、导航、电子干扰、无线电控制的制导系统发射的无线电信号、广泛地进行搜索、截获、识别、定位和分析，以查明敌电子系统的类型、用途、性能和配置，测定其工作参数，进而掌握其威胁程度和兵力部署等情况，为实施电子报警和电子干扰等提供依据。

电子反侦察是为削弱敌方的电子侦察而采取的一切措施，如迷惑、扰乱敌人的电子侦察或进行电子隐身、伪装等。

电子干扰是利用电子设备和器材，在敌电子系统工作的频谱范围内，施放压制性干扰或欺骗性干扰，旨在阻碍或消弱敌方电子系统的效能，使其通信中断、指挥瘫痪、雷达迷盲、武力失控。压制性干扰是利用引入干扰信号或减少有用信号的方法，降低敌方电子设备的信噪比，使干

美国鹰眼 E-2 预警机

扰信号遮盖、淹没或削弱有用信号，从而减少有用信号，并增加其测量控制的误差。欺骗性干扰是利用产生与有用信号特征参数相同或相似的假电磁信号来欺骗敌方电子系统，从而诱骗敌方做出错误判断，或因增加虚假信号，使处理信息量增大而分散注意力，使系统达到数据饱和而不能正常工作。本文开头的战例，便是欺骗性干扰使萨姆－5导弹去追逐假目标信号而落入大海的典型例子。

电子反干扰亦称"抗干扰"，它包括在敌方使用各种电子干扰的条件下，为确保己方有效地使用电磁频谱，在电子系统中采取的一切措施。

海湾战争中，美军电子对抗装备的部署是主体化的，遍布于陆、海、空、天，上至卫星、飞机，下至舰艇车辆，同时是多层次的，在战略、战役、战术行动上均能发挥作用。它们的工作频率能覆盖全部电磁频谱，对各种威胁，无论是高频、低频还是红外光学的均能作出反应，而且无论战场出现在任何方向、任何地点，均足以覆盖，可见美军掌握了电子对抗的优势。同美军相比伊军的电子对抗能力薄弱，处于劣势，伊拉克数十万陆军在电子对抗全面失利情况下，完全丧失了战场制空权、失去了空中掩护，成了易受攻击的目标。伊军的指挥、控制、通信和情报系统，也陷入瘫痪，使部队情况不明，指挥不灵，而导致了最终的失败。

由此可见，电子对抗在现代乃至未来战争中具有不可替代的突出地位和作用，掌握电子对抗优势是掌握战场主动权的重要条件。

海湾战争中伊拉克为什么变成了又聋又哑的"武装巨人"

　　1990 年 8 月 2 日凌晨，伊拉克入侵科威特，8 日宣布伊、科合并，9 日联合国安理会通过决议，宣布吞并无效。1991 年 1 月 12 日，美国会受权布什总统必要时对伊使用武力解决。萨达姆 1 月 16 日在前线视察时声言，要让美国人血流成河。

　　为什么萨达姆甚嚣尘上，敢于和联合国唱对台戏？因为他自恃伊是中东第一大军事强国，他有用数百亿美元建立的强大的防空系统，在拥有 100 万军队的基础上又组建了 11 个师，拥有 750 多架战斗机、数百架直升机、2000 多发导弹、4200 多辆坦克、2900 多门大炮，还有大量的化学武器及精心修筑的工事和伪装，认为自己不可战胜。然而，就在 1 月 17 日开战的第一天，多国部队就出动了 1000 多架次先进的战斗机分 3 次大规模空袭，向其战略目标投入下了 1.8 万吨弹药（相当于美国在日本投放原子弹的当量），他的通信指挥大楼、电站、武器库、机场顿时化作一片废墟，伊拉克变成了又聋又哑的武装巨人。

　　为什么伊拉克败的这样快这样惨？就其本身来说除了非正义的侵略必败之外，主要是电子战意识差，只重视火力压制一类的硬杀伤武器，而忽视了电磁压制一类的软杀伤武器。它的防空系统电子对抗设备奇缺，因此根本就不能应战。伊军只有 2 架预警机，第一天就被摧毁 1 架；几架侦察机和地面干扰设备，面对第三、四代飞机的高性能雷达不但无能为力，反而是自投罗网：开战前伊地面干扰机曾对美的 E－3B 预警机进行干扰，但因技术落后，反而自己被定了位，一开战首先就被对方的空对地导弹炸飞了。

现代战争是以空袭为先导，这就决定了争夺电子对抗优势是防空作战的关键，而伊徒有750架战机却没有或很少有自己的干扰设备和反干扰的软杀伤武器，美空军则视"自己干扰设备"为飞机的"特别通行证"，没有这张通行证不准参加战斗，这也是海

"爱国者"防空导弹正飞离发射架

湾战争中飞机战损率仅为万分之5.6，创下空袭史上最低数字的原因之一。而伊拉克的电磁劣势则是其失败的首要原因。

第二个原因，是伊的 C^3I（指挥、控制、通信、情报）系统不健全、不配套，有关设备性能落后，承担不了"中枢神经"的重任，再加上开战后即刻被炸，以至10分钟后巴格达才实行灯火管制，机场还亮着灯……发布停战命令三天后，有的伊拉克地面部队还没接到通知，仍在继续战斗。

伊军失败的第三个原因，是武器和设备老化、技术落后，而且为多国部队所知。

在多国部队一方，还未开战就以其电磁优势和陆、海、空、天一体化的 C^3I 系统的情报网对伊方战略要地和战略情况了如指掌；开战后首先用电子战开路，用先进的高技术武器做利剑，由 F－117A 隐身飞机携带"铺路石"Ⅲ激光制导炸弹摧毁了通信指挥大楼，又用具有隐身性能的"战斧"导弹炸掉众多战略目标，带有 GPS 接收机的"斯拉姆"导弹仅2枚就敲掉了巴格达附近的水电站。仅首次实战使用的高新技术武器和装备，就有几十种在这次海湾战争中亮相。这些高技术兵器中有"阿帕奇"AH－64A 武装直升机，有在直升机上发射的"海尔法"红外成像制导反坦克导弹，有"铜斑蛇"激光制导炮弹，有能发射各种子母弹的多管火箭炮，有 E－8A

电子对抗飞机、"爱国者"防空导弹及 GPS 接收机等。

所以说，海湾战争成了美国新式高技术武器的试验场。伊拉克面对这么强大的用高新技术全面武装起来的部队，用的是苏式旧装备、旧的战争观念、旧的打法，当然它只能在开战后就变成又聋又哑的，拥有坦克、飞机、火炮却只能被动挨打的武装巨人。也可以说是高技术和"硅片"及新战法使伊拉克变成了又聋又哑的武装巨人。

软杀伤技术为什么能迅速风靡全球

海湾战争中美军使用装有碳纤维弹头的"战斧"巡航导弹,迫使伊拉克发电厂在开战数小时内停电。这种弹头中,用长 20 毫米,直径 12.7 毫米的碳纤维捆代替炸药,施放后被风吹散而成细丝,落在发电厂的户外开关和变压器上,造成严重短路现象而使发电厂停止运转。这便是软杀伤技术的新秀——碳纤维干扰技术崭露头角的精彩表演。

什么是软杀伤技术?

是不用火力,而通过电磁波干扰,或用高能量射频电磁脉冲,来摧毁敌人指挥控制通信的情报系统及导致各种现代化武器系统设施失控的一种技术。前者为电子干扰技术,后者称"定向能武器技术"。

电子干扰是电子对抗的一部分,根据电子干扰形成的方法不同,可分为有源电子干扰和无源电子干扰。有源电子干扰是由专门的电磁波发射源辐射特定类型的电磁波,其干扰信号频谱样式、发射方向、时间及干扰功率等要与被干扰的敌方电子系统相适应。常用的有源干扰机有噪声干扰机、欺骗干扰机和组合干扰机。噪声干扰机辐射类似于噪声的干扰信号,主要施放压制性干扰;欺骗性干扰机接收敌方电子设备辐射的信号,并在幅度频率、相位或时间上进行适当的干扰调制,经放大后再转发出去,诱骗敌电子系统(如导弹)攻击假目标。组合干扰机能同时或交替地辐射噪声干扰信号或射频欺骗信号。无源干扰是本身不发射电磁信号而用特制器材扰乱电磁波的正常传播,改变目标的正常发射或形成假目标信息,如箔条角反射器、假目标和诱饵等。在海湾战争开战前,美国对伊军的雷达、通

　　安装在 F−5E、F−5F 和 RF−5E 战斗机下方（上图）的环形电子干扰系统，在其下方选可挂副油箱（下图）

信和指挥系统进行了强烈的 24
小时的电磁干扰，从而使伊军的
雷达迷盲，扰乱了伊军的指挥和
通信系统的正常运行；在取得软
杀伤效果之后，数百架装有电子
战告警系统和自己干扰设备的飞
机突然对伊方发动大规模空袭，
为取得战争的胜利奠定了良好的
基础，显示出了立体化、多层
次、多手段的实施电子干扰的巨

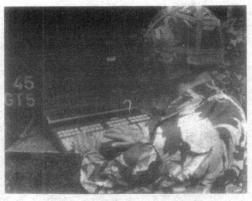

美军野战中使用的加固计算机

大威力。所以在海湾战争后，电子对抗中的软杀伤技术装备，备受青睐，
并得到了很大发展。

定向能武器技术也叫"束能技术"，它是利用强束能向一定方向发射，
用高能量射束杀伤和摧毁目标的软杀伤武器技术，如大功率微波武器，它
产生的电磁脉冲在一定频段上可不受烟雾、尘埃等干扰，能在更远的距离
上对多目标进行"软杀伤"，其杀伤机理是以高强度辐射场包围目标，使之
敏感的电气和电子线路中产生致命的电压和电流而达到破坏作用，因而可
对依赖电气设备的大多数军事系统进行有效的破坏，对战略的和战术的各
种 C^3I 系统及隐形飞机、反辐射导弹等施实"软攻击"。据试验，大功率微
波还能使导弹弹头的引信产生惰性或提前引爆；能引爆坦克中的弹药。其
"非热效应"可造成人员的心理损伤和各功能衰退；"热效应"可造成人体
皮肤烧伤、眼患白内障乃至烧伤致死。苏联对微波射频武器的研究较早，
曾于 1975 年 4 月和 1977 年 11 月分别在"宇宙 778"号和"宇宙 780"号卫
星上试验了电子束辐射器，这种武器在外层空间射程达几百千米。近年来，
国外还研制出一种电磁脉冲弹，它既不杀伤人员，也不破坏建筑物，但对
付电子设备却有着特殊本领，它爆炸后产生的强大电磁脉冲可使武器装备
的天线、导线、金属表面等处产生巨大的电压和电流，并很快传导到电子
元器件上从而烧毁和破坏电子系统。

与硬武器相比,软武器的研制、生产费用较为低廉,投入较少的资金可换来较大的效益,如陆用电子对抗系统的费用大约是"硬武器"达到相同效果所需费用的1/4。据美军估计,每平均投入1美元的电子战费用可减少作战损失约100多美元。因此,各国的军事部门都在竞相研制、生产或购买各种各样的软杀伤武器。这正是软杀伤技术风靡全球的原因所在。

为什么称 C^3I 是军事力量的中枢神经

1991 年海湾战争开战的第一天，就有英、美、法等国家的 20 多种性能各异、功能不同的 1300 多架次飞机从数十个机场和航母上起飞，集中对伊拉克上千个目标实施高密集、高强度的猛烈轰炸。这么多机群又是在无月的黑夜，再加上指挥联络上的语言障碍，如何保证安全、有序、准确、高效地实现作战计划？在 200 多平方千米的广阔战区又是如何协调指挥 70 多万陆海空部队进行战役行动？它靠的就是 C^3I 系统的高度自动化协同引导。

什么是 C^3I 系统？

C^3I 系统即军队指挥自动化系统，是将指挥、控制、通信、情报各分系统联结在一起的综合系统。由于指挥、控制、通信的英文单词第一个字母全是 C，情报的英文字母第一个是 I，所以简称"C^3I 系统"。概要地说，它是指挥人员对部队行使权力、进行管理、实施指挥所使用的以计算机为核心技术设备的人—机系统，是整个国防力量联合协同作战能力，快速应变能力的体现。

C^3I 系统是引入计算机来集中处理军事数据以后，随着科技的发展和武器装备的不断更新逐渐发展起来的。50 年代后期，半自动化防空系统开始投入使用；60 年代，自动化的 C^3I 系统相继装备部队，目前一些发达国家已建成比较完整的全国性乃至全球性的 C^3I 系统。如美国在 3～4 分钟内就可了解苏联的导弹发射，做出反应后，最高指挥当局只要 3～6 分钟就能向第一线核部队下达作战命令，若越级指挥只要 1～3 分钟。

根据部队编成和指挥级别的不同，通常将 C^3I 系统分成国家级、战区级和战场级，它上下逐级展开，左右相互贯通，这样就具有组织指挥灵活、便于协同、适应性强的特点。根据所执行任务的不同，又可分为战略 C^3I 和战术 C^3I 系统；也可按军种分成陆军 C^3I、空军 C^3I 和海军 C^3I 系统等。

C^3I 系统至少要包括 3 个组成部分：①探测（或情报）系统。包括预警卫星、预警飞机和各种类型的雷达及多种电子侦察设备、侦察卫星、光学仪器、侦察飞机、遥控飞行器、侦察船和声纳等，用以搜集敌我双方的各种情报，并发回警报。②指挥中心。负责汇总、处理和显示敌我双方的各种情报，包括目标数据、战场态势、战备情况和作战计划与方案等，以协助指挥人员做出决策实施指挥，指挥中心含各级指挥人员和各种指挥所。③通信系统。用来传输情报、下达命令，并回报命令的执行情况，它包括各种收发设备、交换设备和信道等。在 C^3I 系统中，电子计算机是核心的技术设备，人是 C^3I 系统中的核心，因为人的功能是鉴定分析计算机处理后的信息，最后判定、下决心的还是指挥员。

目前美国拥有世界上最庞大、技术最先进的 C^3I 系统。其战略 C^3I 系统，称为"全球军事指挥控制系统"，包括各战略探测预警系统、各指挥中心（国家级指挥中心和各联合司令部及特种司令部、各军种所属主要司令部的指挥中心）和战略通信系统。美国总统利用它逐级向第一线作战部队下达命令，最快只需1分钟。其战术 C^3I 系统，也称"战区级 C^3I 系统"，分为陆、海、空的战术 C^3I 系统，有机动、火力支援、防空、情报与电子战、战斗勤务支援五个功能领域，每一个功能领域有各自的指挥控制分系统。据说炮兵部队普遍使用战术射

通信控制中心

击指挥系统后提高的效率相当于增加 200 门火炮。所以人们称 C^3I 系统是力量倍增器。但现有的 C^3I 系统在可靠性、生存能力、互通性、保密性以及抗干扰能力方面，尚存在不足之处，需不断改进和提高。

海湾战争中，多国部队广泛动用了战略、战术 C^3I 系统，包括地区、舰艇和机载的各种电子自动指挥系统和侦察、通信、国防气象卫星及全球定位卫星系统在内的全球军事指挥控制系统。它为美国最高指挥当局对参战部队实施战略战术指挥服务，并同美国五角大楼保持联系。所以在 42 天的海湾战争中各军兵种的多国部队能协同作战统一行动形成了指挥有序的整体打击力量，取得了战争的胜利。不容置疑，C^3I 系统就是多国部队的中枢神经。

英国的陆军总部指挥信息系统中的计算机终端

为什么说高科技使无人机变得青春常在

在海湾战争中，多国部队的陆海空三军及海军陆战队、空降兵等都装备和使用了无人机，在战争各阶段，出动了 500 多架次，飞行 1600 多小时。美海军陆战队的军用无人机在战争中飞行时间高达 1000 小时，无一损失。据报道，美"瞄准手"无人机在总共 60 次作战任务中，指引部队摧毁了伊 6 个地面无控火箭连 120 多门炮、7 个弹药库、一个自动化炮兵旅及一个机械化步兵连，为战争的胜利立下了汗马功劳。

从 1917 年世界上第一架无人机在英国问世以来，至今它已是近 80 高龄的"老翁"，为何还能驰骋沙场？这是因为无人机能随着时代的步伐引入当时的新科技，逐步更新换代，才使它青春常在，宝刀不老。百年来，它经历了由机械式自动飞行控制到电子管、晶体管式自动飞行控制、数字式自动化飞行控制的发展过程，如今它又开始向智能化、隐身化、微型化、垂直起落和全球定位导航的高技术前沿靠拢。到 21 世纪它还将变得更聪明更能干。

目前的无人机是按预编程序自动飞行或由机外人员遥控飞行的飞机，所以也称"无人驾驶飞机"。其中由机外人员遥控的叫"遥控飞机"，其结构一般是由自动驾驶仪、程序控制系统（遥控遥测系统）、自动导航系统、自动着陆系统或回收系统等组成。它们可以从地面滑跑起飞、利用助推火箭从发射架上起飞、通过起飞车滑行起飞、由载机空投或直接起飞。

由于无人机是随着时代脉搏不断进行技术改造，才取得今天的活力的，所以它已聚多种优点于一身，与有人机相比，一是成本低、使用费用少；

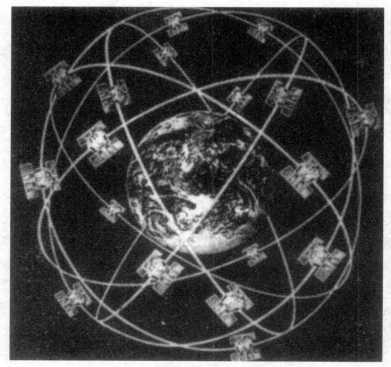

全球定位系统

二是结构简单体积小，因此机动性好生存力强；三是容易操作使用方便；四是适应性强对环境条件的要求不像有人飞机那样苛求；五是易执行危险性大的任务。

无人机的用途，在军事方面可归为八大类：一是侦察监视；二是炮火校正；三是骗敌诱饵；四是通信中继；五是对敌方通信、雷达实施干扰、攻击；六是引导和指挥地面部队奔向目标；七是战斗结束时，把无人机发射到敌阵地上空进行威慑和骚扰；八是充当训练靶机。

随着科技的不断发展，如今有的无人机还具有陆战的能力，如英国正在研制的智能型的"侦察攻击机器人"就是陆空两用的无人机，它装有 X型固定翼和旋翼，并装有锂电池驱动的电动发电机，该无人机全长仅1米左右，由发射管发射到敌后，在低空飞行，用照相机和红外传感器搜集

无人驾驶飞行器与全球定位系统巧妙结合可成为新一代威慑武器

情报数据。它也可在敌后着陆,在地面用照相机和震荡传感器侦察监视敌情,将搜集到的数据用压缩信号发回基地。在一次战斗任务中,它可以起降3次,航程为160千米,这种"侦察攻击机"机器人,在完成任务后,可以做为一枚灵活导弹,靠装在体内的聚能装药,自动攻击纵深敌方的车辆或设施,"以身殉职"。该的样机已于20世纪80年代末在英军备展览会上展出,将成为未来战场上的"无人机"多面手。

F－117A 战斗轰炸机为什么能躲过雷达的"眼睛"

　　1989 年 12 月 30 日凌晨，F－117A 战斗轰炸机长途跋涉数千千米，突然袭击了巴拿马城西 120 千米处的一个军用机场和巴拿马的两个步兵团，为空降部队扫除了障碍，使其未受任何抵抗就轻而易举地占领了机场。为什么它能躲过几个国家雷达系统的监视？这是因为它采用隐身技术进行了全新的设计，而且装上了先进的机载设备，所以它本领高强，刚一出战，就大获全胜，从而名声大振，成了当今局部战争中开战突袭的巨霸。

　　F－117A 战斗轰炸机是美国洛克希德公司研制的，它起步于 1978 年 12 月，1981 年 6 月首机试飞成功。机上装备有前视红外传感器、激光指示器、激光制导装置、惯性导航系统等导航和武器控制系统。在两个发动机舱之间的武器舱内，可载两枚 900 千克重的激光制导炸弹。机上还装有一门多管旋转机关炮，其设计制造上具有以下特点。

　　1. 在总体设计上放弃了一般战斗机机身、机翼和垂直尾翼的常规设计

美国 F－117A 隐身战斗机

方案，采用多面、多锥体和飞翼式布局及燕尾形尾翼的设计。采用这种板块结构的优点在于，不但可以通过表面涂料吸收雷达的电磁辐射，而且可通过板块将辐射波分解成许多很小的主瓣，进一步衰减回波信号、减少被雷达探测的机会，从而使雷达反射截面积减少到最低程度。

2. 机体大量采用了非金属复合材料，并在表面涂敷了能吸收雷达波和控制机体亮度的涂层，以达到雷达波及可见光的双重隐身效果。

3. 动力装置采用了两台通用电气公司的非加力型 F404 涡轮风扇发动机，它具有噪声低、红外辐射特征小等优点；进气口采用力缘栅网遮蔽，上面涂有特种涂料；排气口与机身后部宽缝隙相接，可降低噪声、光探测器的发现概率。

4. 飞机机翼前缘不带缝翼或襟翼，并对翼尖做了切角修形，这就缩短了直线段，以此减少正面和侧面方向上的雷达回波。

5. 采用进气道放在背部的高位设计。这虽然对飞机的起降和大攻角飞行有些影响，但从正前方射来的雷达波不能直接射到发动机的旋转部件上，从而进一步减少飞机雷达反射截面积，提高隐形效果。

在海湾战争中，F－117A 以其隐身的特点，于 1991 年 1 月 17 日凌晨，30 架结伴而行，作为首次空袭中的首波突袭兵力，在没有压制防空雷达，也没有压制防空导弹、高射炮及防空歼击机机场情况下，就越过防空体系直捣伊军的指挥通信大楼，以及核、生、化武器工厂和仓库等战略目标。可见隐身技术已使空中进攻作战方法有了重大发展，有了隐身飞机，就不用采取第二次世界大战以来形成的多机种群体作战，打开突防走廊，突袭兵力由走廊进入目标轰炸的作战样式。F－117A 轰炸机在海湾战争中的表现，再次证明依靠隐身技术便可躲过防空预警系统的捕捉，顺利完成纵深突防的战斗任务。

B-52 轰炸机为什么能长生不老

1993年2月9日，一架英姿勃发的"B-52"战略轰炸机载着美国轨道科学公司的"飞马座"空射型火箭，飞往大西洋上空13.3千米处，释放了这枚有翼式空间运载火箭。只见"飞马座"悄悄地自由下落，5秒钟后，一、二、三级发动机依次点火，经11分钟后，便把巴西的重14.5千克的卫星，送入了低地轨道，成功地完成了航天领域的新任务。

"B-52"是美国波音公司从1946年开始设计的具有洲际航程能力的重型轰炸机。1952年4月试飞成功，1955年6月开始装备部队，其最大载弹量为26吨，1965年6月18日开始在越战中使用，其机群可同时把几百吨炸弹投在一个地区，开创了"地毯式"轰炸的先例。至1968年它共投放了90万吨炸弹，在越战中立下了赫赫战功。

海湾战争中，它老当益壮，不但携带"战斧"巡航导弹圆满地完成了摧毁伊军主要设施的使命，还投放了整个战争中约30％的炸弹，从而使"B-52"和"地毯式"轰炸再次威震四方名扬四海。

为什么"B-52"能60年如一日，屡战不衰、青春常在？这其中的奥妙就在于它能审时度势，随着时代的脉搏，不断

"B-52"在进行"地毯式"轰炸

用军事高技术改造和武装自己，才使其绝技横生返老还童，并不断扩大战斗领域。

"B-52"都进行了哪些高技术改造呢？

1. 对原机型的机体结构进行了全新设计，选用新材料，从而减少4.5吨结构重量，这就减少了耗油量，增大了载弹重量。

从 B-52G 轰炸机发射的 ALCM 巡航导弹，其主翼仍未张开。空射巡航导弹带 W8U 核弹头

2. 改换高性能心脏：把涡轮喷气发动机改为涡轮风扇发动机，进一步减少了耗油量和增大了航程，使最远航程从 16100 千米增加到 20126 千米。

3. 20世纪70年代强化主翼结构和蒙皮，增强机身和尾部强度，延长机身的使用寿命。

4. 20世纪80年代为了提高全天候突防能力，引进了前视红外监视装置和夜视电视摄像机组成的AN/ASQ-151电子光学目视系统，使其在无线电波封闭的状态下，也能实施低空飞行，增强了低空突防能力。

5. 提高电子抗干扰能力，完成了 6 个阶段的改装工作。更新了雷达警戒装置；装备了 AN/ALQ117 变性能无线电干扰装置；增加了信号和箔条散布装置；提高无线电干扰装置输出功率的功能；扩大干扰对象的频率范围；还针对苏联的新型雷达，增加扫频和数字式警戒接收机。

6. 实现了轰炸导航系统的现代化。新型攻击系统是以 2 台微处理机为中心组成的，微型机之间的数据传递采用了 MIL-STO-1553A 数据总线系统，实现了全部固体电子部件化和数字化结构。新增加的设备有两台高性能惯性导航装置，1 台精确多普勒导航装置和 3 台导弹接口装置，装备的卫星通信系统，大大提高了通信能力。此外还改装了攻击雷达，更换了最先进的领航员用的控制台和显示装置。

7. 武器装备实现了现代化，导弹装载能力迅速提高，后期的 B-52G/

H型相继从20世纪70年代初就装备了"近程攻击导弹""AGM-69A";从1978年起,又逐步改为"空中发射的巡航导弹"的载机,一架B-52G/H,可载20枚AGM-69A或12枚AGM-86B或C(射程约为800海里)。目前B-52G/H还装备了具有GPS接收机的"斯拉姆"空对地导弹。未装备巡航导弹的其余69架,将全改成常规轰炸机,大约半数装载AGM-84A"渔叉"空舰导弹(12枚)。

目前,美国又开始计划为"B-52"G/H发展和改装新的武器装备,即1996—1999年,完成改装"防区外隐身攻击精确制导炸弹"(TSSAM);1998—2001年完成改装"联合直接攻击精确制导炸弹"(JDAM),这是两种新一代空地攻击武器系统,而且全是由"导航星全球定位系统"参与的新型装备。

"B-52"目前仍有262架G、H型(后期型)在服役,其中G型为167架,虽然已于1962年10月就停产,但由于不断为之注入新技术,所以它仍然具有较强的战斗力,能继续装备到21世纪初,成为跨世纪的老牌的德高望众的重型战略轰炸机。

为什么说人工智能已悄然走入战场

　　1984 年 1 月 8 日，美国纽约州的保安部队在追捕 2 名逃犯，罪犯凭借公寓大楼的有利条件，负隅顽抗，经过 36 小时的激战，部队已 3 人受伤，仍未制服罪犯。突然，一个"七尺钢铁巨人"冒着雨点般的枪弹冲进大楼，几分钟后，大楼里枪声止了，两名罪犯已横尸在客厅和洗澡间。这巨人就是"智能机器人"。

　　智能机器人是人工智能技术和机器人技术的混血儿。所谓人工智能技术，是20世纪50年代兴起的一门综合性边缘学科，它是计算机科学的一个分支，主要研究用机器人来实现人的某些智力活动的有关理论、技术和方法。它使计算机与信息（语言、图像）理解系统、知识信息处理系统、专家系统、知识库等结合起来，组成一个包含人的经验因素和知识的体系，即智能计算机。它使人的智力技能和体力技能外延和自动化。在军事上，人工智能作为决策辅助手段和作战支援力量具有很大的应用潜力，它能根据对战场动态威胁的理解，自动地发出预警，并在智能计算机网络中快速传递信息，然后做出进一步行动的决策，根据规则，最后形成战术计划。

　　人工智能的研究目标，一是使视觉理解、语言理解、推理和问题求解等智能行为形式化和模式化。二是研究具有视觉、决策、诊断、计划、推理、态势估计和验证任务并证明其正确性等功能的新型机器。三是采用电子计算机模拟人类的学习与推理、问题求解、辅助决策与智能活动技术而研制成功的新式武器，它是具有自主敌我识别、自主分析判断和决策能力的武器。例如：能自主地对目标进行识别、判断和选择攻击目标的智能导弹，智能地雷、智能鱼雷和水雷等，曾在海湾战争爆发前应征入伍，用它们试验化学战中的防御方法。

美国是研究人工智能技术和武器最早的国家之一，目前正在广泛研究如"哨兵"机器人、无人驾驶侦察坦克和无人驾驶飞行器、智能制导导弹及水下军用作业系统等。

美国"小牛"空对地导弹。AGM-84的寻的豆技术取自这种导弹

为什么说人工智能技术已悄然走入战场？请看智能武器和智能技术在海湾战场上的应用。

具有一定智能水平的发射后不用管的"海尔发"第三代反坦克导弹和红外成像制导的"小牛"空对地导弹，以及采用惯性加地形匹配制导的"战斧"巡航导弹、配有全球定位系统接收机的"斯拉姆"远程空对地导弹，全是采用高灵敏度传感器和先进探测技术，依靠弹上智能制导系统独立自主地捕捉和识别目标，并能排除干扰准确命中目标。

1991年1月17日美空军在沙特从飞机上向巴格达发射了

法国 TSR200 防爆侦察机器人

38架"鹞鸪"无人机，做诱饵引诱伊方雷达开机，为"哈姆"反辐射导弹摧毁伊防空阵地立下了战功。另外还有美国的"先锋"、英国的"MART"型无人机等，成功地完成了战场、侦察、捕获目标和射击指挥等任务。

在海湾战争中，美国和多国部队一方，在后勤保证方面，使

加拿大"CL-289"无人侦察机

用了"战斗勤务规则"系统（它有六个功能范畴：供给、维修、运输、医疗、野战勤务和人事勤务）和"智能分配规划器"大大提高了工作效率。

在任务规划和海军决策辅助、故障诊断方面也应用了人工智能技术，如海湾战争开始前，空军就和某防务公司合作研制"APS"任务规划系统，它能在2小时内产生2500架次的任务规划。目前正在研制的"RAPS"实时适应规划系统将来能在1秒以内规划18架轰炸机轰炸300个目标，并返回7个基地的航线。

总之，人工智能技术的应用，已渗透到战场任务的诸多领域，如情报/电子战、机动作战控制、火力支援、防空和战斗勤务、任务规划、决策辅助及故障诊断和维修等领域，并显露才华。所以说人工智能技术已悄然走入战场。将来随着科技的发展它还会不断扩大应用领域，大张旗鼓地在未来战场上立马横刀建战功。

为什么说人工智能技术缔造了
繁荣昌盛的机器人王国

1990年夏,海湾战争正处在箭拔弩张之时,美军征招了一位机器人入伍。这名"新兵"叫"文尼",高1.82米,体重85千克,结实的身躯由钢和硅酮构成。美军打算利用它试验化学战中的防御方法。

目前,世界上正在研制的军用机器人已达100多种,陆军机器人除"文尼"这样的防化兵外,还有坦克兵、反坦克兵、炮兵、巡逻兵和哨兵等;海军有潜水机器人、海底侦察机器人;空军有机器人飞行员,乘飞船抓、放卫星的机器人及无人架驶的各种飞行机器人。据美国防部在1990年夏透露:美国家实验室已指定发展"机器人军队",这些钢铁士兵看起来像全副武装的宇航员,体重达345千克,全部由电脑遥控,它们配有微型电视摄像机作"眼睛",音响传感器作"耳朵",体内有光纤网络作"神经",可在32千米以外接受命令,行动速度像人骑自行车时一样,可达16千米/小时。

在1991年的海湾战争中,飞行机器人就曾大显神通,给多国部队帮了大忙,如美国的"先锋"号无人飞行器,监视过伊方的海上船只,确定过水雷位置,提供过精确测定的敌目标方位,还为特种部队侦察登陆的海滩等。

这些形形色色的钢铁士兵们,为什么如此神通广大?是谁赋予了它们人的灵性?这还要从人工智能技术谈起。

人工智能技术是研究用人工的办法创造出能够模拟人类智能的机器的

科学。它和原子能科学、空间技术鼎足并称为 20 世纪三大尖端科学。具体地讲，人工智能就是研究人类自然智能的基本机理，探索模拟人的感觉、思维和判断过程的规律，把人的智能赋予机器，使其能够模拟和代替人的机能。它是在其他学科发展的基础上逐步形成和发展起来的新兴学科，是涉及计算机科学、生理

美国遥控机器人车辆

学、物理学、心理学、仿生学、数学、信息论、控制论、逻辑学和语言学等多门学科的边缘科学。当前它研究的重点主要集中在专家系统、自然语言理解和机器人这三个方面。

人工智能发端于20世纪40年代的控制论，50年代展开了研究，1956年美国年青的数学家、计算机科学家麦卡西·明斯基等9名学者开会，首次提出了"人工智能"这一术语；1962 年麦卡西·明斯基研制出了既能处理数值又能处理各种符号的表处理用计算机语言，被称为是"程序设计语言"的重要里程碑；60 年代初期，美国防部开始投资，在军事领域开发人工智能的应用。1966 年，美国一架 Ｂ-52 型轰炸机在地中海上空突然失事，它携带的一枚氢弹坠入 750 米深的海底，一个名叫"科沃"的机器人轻而易举地把氢弹

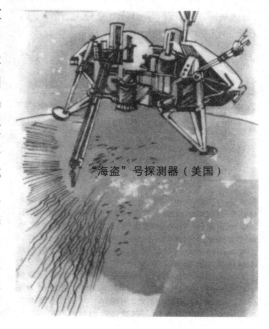

"海盗"号探测器（美国）

打捞上来（"科沃"曾在美国海军服役，先后从海底回收了600多枚鱼雷）。它由此一举成名，也泄露了美国已经有了潜水机器人的"天机"。于是，日、英、法等国纷纷研制海底机器人，并在60年代末期，兴起了研制机器人的高潮。

勘测者-1（美国）

人工智能技术的核心是智能计算机，这种计算机除了具有一般计算机的记忆、计算、响应外，还有更为重要的看、听、说、写、思维、感觉、判断、学习、经验积累和决策等人的大脑的部分功能。这就是人们常说的第五代计算机，也叫"智能计算机"。它的出现为人工智能技术的研究和实用化打下了良好的基础，也使机器人技术得以迅速崛起。而现在的第三代智能机器人是人工智能发展到高级阶段的产物，它具有控制功能、操作功能、运动功能、感觉功能和思维功能。

西德 MBB 公司研制的 Tucan 遥控飞行器，用于执行危险的侦察任务，能向地面站传送清晰图片。

如美国的70型"徘徊者"多用途机器人，它是防空、反坦克机器人，可在前方地域进行巡逻、警戒和目标搜索。它根据目标指示器，可按计算机算出的目标诸元自动控制"海尔法"反坦克导弹或"尾刺"防空导弹的发射。

美国非常重视人工智能技术的发展，在军用机器人发展方面也处于领先地位：1984—1986年间发展遥控无人驾驶飞行器和侦察搜索机器人；

加拿大"哨兵"（CL－227）无人机

1986—1990 年发展弹药装填机器人；1990—2000 年进一步发展侦察与搜索装置；2000—2100 年间，将发展坦克驾驶员、防空自动侦察射击兵、自动火炮射击兵和战斗机驾驶机器人。1985 年其军用机器人订货额已达到 2.2 亿美元。

人工智能技术的发展催生了新一代智能机器人，它们虽无多姿多彩的美丽外表，却有着一定的聪明才智，有着自己独特的过硬本领。从陆、海、空三军到航天领域，它们已初露锋芒，展示了自己的存在，并有着强大的发展势头。所以说，是人工智能技术缔造了繁荣昌盛的军用机器人王国。

为什么把专家系统称为效率倍增器

改革开放的大潮，把我国人民的生活水平推向了新台阶，连看病都要看"专家门诊"，说"专家水平高，看的准，好得快"。80年代初北京还出现了"中医电脑大夫"，也称之为"中医专家系统"，并已挂牌营业。实际上它就是用电子计算机把中医切脉和诊断看病的经验及对症下药的方子，变成数学语言，编成程序存贮进去，看病时通过压力传感器把脉搏跳动的次数、强弱变成电信号输入计算机中，和已存储的各种病症去对号入座，经微处理器的计算判断，开出药方。据说它开的药方与老中医的符合率为99％左右，可见这"中医专家系统"还真接近医生的智能水平。

实际上，专家系统就是人工智能技术的一个分支。它和智能机器人、自然语言处理系统、数据库系统、程序自动化自主运载器等全属于人工智能技术范畴。通俗讲，它就是一种电子计算机程序里面存有专家水平的知识、经验和操作及解决问题的能力、方法，所以也称其为"知识库系统"。

一般来说，专家系统由人—机接口子系统、知识库管理子系统和推理子系统三部分组成。"人—机接口"是用户和专家系统之间的"接头点"，包括显示图像和输入输出语言等；知识库管理子系统是专家系统的知识"管理员"，它通过自动组织、控制、传送和更新存储的知识，实现对知识库的管理；推理子系统是一个推理启发程序，用以了解全部知识和问题资料并对之做出处理，如存取、使用和修改知识存储能力，并能做出推理判断等。"专家系统"的本领，取决于它所含有的知识，所以提高专家系统的功能的关键在于某一问题领域可资运用的专门知识的广度和深度。换言之，

效率高的知识库本身必须是庞大的、高质量的。

　　早在20世纪60年代初，美国国防部就开始研究人工智能的开发和应用并于1982年正式提出了为期10年的"战略计算与生存能力计划"（SCP），它包括专家系统、自然语言理解、语言识别和视觉。目前世界已经公布的专家系统已有 100 多个，其中美国最多，而且已把它应用到军事领域。把军事专家对战场态势的分析，敌我双方兵力部署和作战效能，最优化战略战术、武器装备特性等因素，编入专家系统的智能计算机程序，通过"思考"、"分析"可做出行动方案，供指挥官或武器操作人员选择决策。美国的"空地一体战规划"（ALBM）系统，是目前美军最大的军事专家系统之一。为解决战场上信息量超负荷问题，美国还研制了对信息自动进行过滤、提练和融合的 HEARSAY 系统。此外，还有海军作战管理系统，如大西洋舰队

ATDS 系统

的联合作战战术系统 JOTS，能自动对 640 种船只进行识别和分类，是高级决策支援专家系统。又如空军的 KRS 战术空战重新计划系统，能协助指挥和参谋人员制订作战计划，将原来 24 小时方能制订的出动 1000 架次飞机的任务缩减为 2 小时。如今美国陆军已经利用人工智能专家系统与语言理解系统相结合，研究开发能让维修人员直接使用语言和计算机对话的软件，维修人员提出问题后，可根据专家系统的提示，对高技术武器装备（飞机导弹等）进行及时正确的维修，不断提高复杂设备的可靠性和维修性。据预测，它将使故障诊断效率提高 10 倍以上，准确程度提高 30％以上，使武器装备在全寿命周期内节省各种维修保障开支 20％以上。

专家系统在民用上也有广阔前景，美国在1982—1983年，由于采用了专家系统而增加了400多亿人年的工作里，等于使每个美国人的工作效率提高了 2000 多倍。R_1 专家系统使美国 DEC 公司每年节省上千万美元。如此高额的经济效益，使专家系统得到了迅猛的发展，并被誉为"效率倍增器"。

智能机器人为什么具有人的思维和感觉

　　1985 年在日本举行的"国际科学博览会"上，日本在 11 个展厅里展出了包括各类功能的最新机器人，它们具有许多令人叹为观止的特异功能，如能仿效人脑结构，解数学难题、下棋、看病、设计集成电路、编写和翻译文章等；能快速阅读文件、看乐谱且能一目十行；能发音，口齿伶俐、人工合成声音；能听语言辨音响，还能以每 4 秒一步的速度行走。这就是机器人家族的第三代——智能机器人。

　　智能机器人是人工智能发展到高级阶段的产物。它装有多种传感器，能识别作业环境，在接受指令后，能自行编程，进行自主运动，具有近似人的思维和行动。

　　智能机器人为什么有思维能力呢？这还得从它的组成及应用的技术谈起。

　　智能机器人是由智能计算机、感觉部件及执行机构组成的。智能计算机相当于人的大脑，是神经中枢；感觉部件相当于人的耳、目、鼻子及皮肤等感觉器官；执行机构相当人的手和脚；电源相当人的心脏，其电子线路相当人的血管。只要心脏跳动，大脑清醒，各器官正常，它们就有思维，能运动。

　　智能计算机是能记忆、推理学习和自我决策的高级计算机，有的还有知识模拟、机械观察和语言能力。一般来说自然语言处理包括回答系统，图像和声音的理解系统及机器翻译系统，智能计算机具有语言编码器和译码器，有能力理解自然语言表达的信息，如果再拥有语言上的知识和语音发生器，这种计算机组成的机器人，就不但能理解人的语言，而且可实行人机对话，真正具备了语言能力。

感觉部分是使机器人了解内外部环境，通过环境信息的感觉、搜集和处理，在计算机模型中形成合成信息。它应用的感觉技术是多种传感器和定位器，如视觉、听觉、触觉、嗅觉和味觉传感器等。电视摄像机，红外、紫外、激光探测器等就是视觉传感器的典型；压力传感器、接触传感器为触觉传感器；化学分析器、气味报警器等属于嗅觉、味觉传感器。嗅觉传感器可随时采样，分析空气中的化学成分，把污染程度或化学毒剂含量这一信息变成相应的电信号送给微处理机中进行计算。

定位技术是感觉的一种方式，它使机器人知道自己在哪里或在向哪里走，常用的定位器有里程表和罗盘、惯性导航系统及全球定位系统接收机（GPS），它可测量机器人运动的方向和距离，并将这些测量值转换成从已知点行进的距离和方向及离海平面的高度。

执行机构含机械部分和系统控制部分。机械部分涉及运动装置（车轮、支腿、履带等）、机械手、自动控制装置（如发电机的调速器）和远距离操作（遥控）。系统控制部分指导感觉部分和机械部分工作，指导并按次序安排系统部件动作，还使各部分协同工作，其主要任务是使机器人的全部部件行动起来，并为保证进行工作做出各项决定。

知道了智能机器人的组成和所应用的先进高技术，就不难明白为什么它能有感觉有思维有运动能力了。目前战场上已有了初具规模的侦毒防化机器人（美国的"文尼"）及飞行机器人，如加拿大已装备部队的 CL - 227型"哨兵"旋架式垂直起落无人飞行器。随着科学技术的不断进步，不久的将来能听、会说、会驾驶坦克等的具有一定人的智能的机器人便会从试验室走向战场，并在未来战争中发挥聪明才智，大显身手。

智能导弹为什么具有思维能力

　　未来的战场上将会出现"会观察""能思考"的新型导弹。它们既不用射手控制飞行，也不用制导站发出指令进行远距离遥控。一经发射，它就能自动飞向战场方向，到达阵地上空还能"察颜观色"，经过"思考"，自己选择出主攻目标。如果是反坦克导弹，它能区别出哪是自己的，哪是敌方的坦克；如果是反舰导弹，它不但能识别敌我，还能分辨出攻击目标是航空母舰，还是巡洋舰、驱逐舰。这就是目前正在研制的人工智能导弹。

　　这种新型导弹，是利用人工智能模式识别技术和图像信息处理技术、探测器和选择目标的传感技术及自适应处理等技术进行研制的。它之所以能够识别敌我、选择攻击对象，是由于导弹弹体内安装了具有人工智能的微型计算机和图像处理装置。它把从导弹视觉传感器得到的图像，同存在数据库中已知的武器图像进行比较，就能识别出敌我和选定攻击对象。如人工智能反坦克导弹，在设计时，就把敌国已经服役或将要服役的坦克形状及图形变成信号存储在电子计算机里。战场上把这种导弹发射出去后，它面对众多的坦克，弹体里的计算机存贮器就把光传感器看到的坦克图像检索出来，于是便知道它是"T－72""豹Ⅱ"，还是其他坦克。

　　将人工智能导弹向战场方向发射后，导弹的高度传感器，能提供飞行中的高度信息；视觉分析系统能识别背景信息，如草地、林区、公路、铁路、河流，也能识别各种建筑物，这就保证了导弹能像汽车司机一样，沿着预定的飞行路线飞向目标。

　　目前美国正在研制的"西埃姆"（SIAM）潜艇发射的防空导弹就是一

种具有初级智能水平的导弹，它采用毫米波雷达/红外双模导引头，能自动搜索、跟踪和识别目标。当发现目标已进入导弹攻击范围时，点燃助推发动机，导弹即以低速从发射筒内垂直射出水面，然后主发动机点火，助推发动机脱落，同时导引头捕捉目标，引导导弹飞向目标。若在未发现目标之前就发射了导弹，导弹就垂直向上飞行，飞行到一定高度，就借助反作用力旋转，全方位搜索目标；一旦发现目标，导弹自动停止旋转，向目标飞行，直至命中目标。

随着科学技术的发展，将会有高分辨率高灵敏度的传感器件、先进的信号处理技术、先进的小型的用于图像处理的大容量计算机技术不断涌现，届时，更高级的人工智能导弹还会脱颖而出。它们不但能有视觉、思维及飞行能力，而且还会有听觉和语言能力，也许在"人机接口"技术达到一定水平后，导弹通过计算机和处理机的帮助，还能听懂人的语言。只要向它发布命令，说出主攻方向和主攻目标，它就会飞速地奔向指定目标。这不是科学幻想，而是未来的现实。

为什么说定向能武器技术将对
未来战场产生重大影响

几年前，一架采用"隐身技术"的新型战斗机，在飞近一个试验基地上空时，突然坠毁，两名飞行员当场身亡。究其原因，罪魁祸首竟是该基地正在进行初次试验的定向能武器。

什么是定向能武器呢？是利用沿一定方向发射与传播的高能射束，摧毁或损伤目标的一种新型兵器，也称射束或束能武器。目前研究与发展中的定向能武器有激光武器、粒子束武器、微波武器、等离子武器、高能超声波武器、次声波武器及材料束武器等。

所谓射束技术，就是利用激光束、粒子束、等离子束、微波束及声波束的能量，产生高温、电离、辐射、声波等综合效应，采取"束"的形式向一定方向发射用以攻击目标的有关技术。这些定向能武器与现有兵器相比具有以下突出特点：

①它能把能量高度集中的激光束、粒子束或微波束等以光速或接近光学的速度直接射向目标，瞬发即中，使之难以窥避；

②通过控制射束，可快速地转换攻击方向，反应灵活机动；

③一般只对目标本身或其某一部位造成破坏，而不像核武器、化学武器和生物武器那样产生大范围的附加损害；

④定向能武器既可用于直接破坏或摧毁目标又可用于干扰目标功能的电子战，还可做为战略防御武器使用。

激光武器是目前最受欢迎，也是发展最快的定向武器，是美国和苏联的战略防御计划中的重点，其他定向能武器基本处于可行性研究及试验阶段。

激光武器是利用激光的固有性能，把能量集中照射到目标上，产生热破坏、力学破坏和辐射破坏等效应，从而"毁伤目标"，按其功能不同可分为用于致盲、防空的战术武器和用于反卫星、反洲际弹道导弹的战略激光武器。经过20多年的研究发展，有的战术激光武器（如激光致眩器）已用于战争，有的已成功地进行了拦截导弹和飞机的打靶试验。试验结果表明，激光武器是大有前途的。

粒子束能武器是利用高能强流亚原子束摧毁飞机、导弹、卫星等目标或使之失效的定向能武器。利用粒子束能技术可制造出比"死光"武器还厉害的粒子束能武器。这种武器类似于激光武器，主要是将粒子源产生的电子、质子或中性粒子作为弹丸，利用电磁场把亚原子粒子加速到近光速，再聚集成密集的束流，尔后射出，以其巨大动能摧毁目标。

微波波束武器是把大功率微波波束进行发射的射频武器，与前两者相比，其投资只占总投资的1%～2%，实质是一种"超级干扰机"，主要利用大功率微波的电磁场，把能量比普通雷达用的功率大几个数量级的波来加以汇聚，形成一强大束能，以每秒30万千米的速度迎击和毁伤来袭导弹或飞机的电子器件，使之控制失灵。

等离子体射束武器是用特殊形状的磁场加速等离子体团至高能，用以攻击目标的装置，其制造和使用均比中性粒子束武器容易，且体积小，效率高，目前美俄正在协商共同开发这一项目。

高能超声波武器利用高频超声波造成强大的大气压力，使人丧失战斗力，也可用于定向扫雷。

次声波武器次声波即频率低于20赫兹的声波，它能和人的大脑或内脏器官产生强烈共振，从而导致神经错乱或内脏出血破裂，造成人员伤亡，所以次声武器对人体危害尤为严重。

材料束武器即泡沫体发射器、乙炔发射器有胶粘发射器等，它们既不是光束，也不是粒子束，而是一种有特殊本领的材料束，可使坦克、装

甲车的发动机停火或起爆燃烧。

　　总之，这些具有崭新杀伤机理的定向能武器和束能技术发展很快，随着技术难点不断被攻破，21世纪它们在战略和战术上将得到广泛应用。束束无形的高能"利剑"，将在战场上大显神威，对未来战场肯定会产生重大影响。

为什么把激光称作神奇的 "21 世纪之光"

太阳给人类带来了光和热，是人类生存不可缺少的物质基础。为了征服黑夜，人们曾制作了油灯、蜡烛，并发明创造了各种各样的电灯。怎样获得更好的光源，一直是人类苦苦求索的课题。

1960 年 7 月，人们发现了一种神奇的光——"莱塞"，其英文原意是 "在辐射的激发下产生的光放大"。1964年，我国著名的科学家钱学森，建议我国把"莱塞""光量子放大器"等名称，统一定名为"激光"，这便是我国使用"激光"一词的由来。

激光刚一问世便成了光家族中的骄子，30 多年的蓬勃发展已形成一门新兴的高技术产业，渗透到各个科技应用领域，并分化出许多分支和交叉学科，涌现出各种激光实用设备和激光武器。这些设备和武器有的已在战场上崭露头角，并将在未来战争中大显神威，20世纪 90 年代许多激光器将逐步进入实用阶段。激光技术的发展，引起各国军政要员们的高度重视。早在 80 年代初，美国军政官员就宣称："激光技术对军事系统的影响，可能仅次于微电子学。"又说："美国近期研究发展工作的重点将集中在微电子学和激光这些技术领域。"当前，许多发达国家都在不遗余力地抓紧这一高技术的发展，并已取得很大成果。

激光是怎样产生的呢？

早在 1916 年，大科学家爱因斯坦，在研究黑体辐射定律时，首先提出了光的吸收和发射，可经由受激吸收、受激发射和自发辐射三种基本进程的理论，但因当时科技水平所限，并未得到验证，只是为激光的发现奠定了理论基础，1960 年才由美国休斯公司的科学家 T·H 梅曼用红宝石制成了世界上第一台激光器。

激光和普通光虽然都是由于分子、原子和电子的运动产生出来的，但激光的发光形式不同于普通光。普通光是由于物质本身的热运动引起的，是"自发辐射"的过程。而激光则是通过从外部对某些物质施加能量，使电子急剧增能，在外来光能或电能的激发下，以光子形式经过光学谐振腔的特殊装置得到聚能放大而发射出来，这就是"受激辐射的光"，用以产生激光的装置就称为激光器。

激光备受青睐的原因是什么？

激光作为一种发光机制同普通光源相比，主要有以下特点：①方向性强，集束性好。它是把光源的光束压缩在一个毫弧度的主体角内向一个方向发射，可使光源的集中度提高一千万倍以上。②亮度高。激光的亮度可高出太阳光亮度的 1000 万～100 万亿倍。把激光聚焦到碳块上，不到 1 秒钟就可使之达到 8000℃以上；如射在刮须刀片上，只用千分之几秒，就可射穿刀片。③单色性纯。激光可比一般单色性光源频谱窄上万倍至千万倍，它的颜色很纯净。④相干性好。普通最好的单色光源干涉程差约为 0.5 米，而激光则几乎没有限制。利用这个特点，不仅可以精确测量物体尺寸，而且可以实现全息照相。激光的这些独特本领，强烈地诱发科学家们积极寻求产生激光的物质、手段和物理机理，并积极设法予以开发应用。

激光科学的发展，除出现了许多光学理论分支外，更重要的是激光利用传统电子学原理，研究出许多光电子学应用系统，诸如激光通信、激光雷达、激光测距、激光制导、激光导航、激光计算机、激光信息处理、激光对抗，乃至激光照明、激光唱机、激光医疗机、激光照相等。

激光技术的广泛应用，对国民经济的发展，对国防建设及国防科研事业的推动，已显示出它是现代高技术群体中一支强悍的生力军。它与热核技术、半导体、电子计算机和航天技术相媲美，不愧为 20 世纪后半叶举世瞩目的重大科技成就。它进入实用化后，对人类生活和军事领域已产生了深刻的影响。1978 年英国《听众》周刊曾发表著名文章，把激光技术誉为"21 世纪之光"。现在看来，激光的确是神奇的"21 世纪之光"。

为什么说激光器的发展是
异军突起、蒸蒸日上

随着激光在军事领域的崛起，产生激光的装置——激光器像雨后春笋般蓬勃发展起来，很快就形成了一个庞大的王国，并有了英姿勃发的五大家族，它们是固体激光器、气体激光器、化学激光器、半导体激光器和自由电子激光器家族。

激光器是由什么组成的呢？激光器一般是由激光工作物质、光学谐振器和激励源三部分组成。激光工作物质即被激发后产生激光的物质，如红宝石等。

1. 固体激光器家族：固体激光器的工作物质主要是掺杂晶体和掺杂玻璃。目前已有几百个成员，可以用来产生激光，如钕玻璃（掺钕波长 1.054 微米）、钇铝石榴石（掺钕波长 1.064 微米）及输出激光波长可在一定范围内连续谐调的激光晶体金绿宝石（波长 0.701～0.815 微米）等；它们的谐振腔是由镀膜的全反射镜和部分反射镜构成；激励源是光泵，常用的光泵有脉冲氙灯、连续氪弧灯等。

固体激光器家族的特点是输出功率大，结构紧凑，牢固耐用等，常用于激光测距、激光加工、跟踪制导等方面，如我国的多种激光测距机、美国的 AN/PVS－6 小型激光测距机和 LRR－103 炮兵激光测距机。它们的工作物质都是掺钕钇铝石榴石。

2. 气体激光器家族：气体激光器的工作物质是各种气体或金属蒸汽。除氦氖激光器外，常用的还有氩离子激光器和二氧化碳激光器。氩离子激光器发出的激光有蓝色（波长 0.488 微米）和绿色（波长 0.5154 微米）两种，最大输出功率可达几百瓦，脉冲功率可达兆兆瓦级。气体激光器的单色性和相干性比其他激光器好，而且能长时间稳定工作，常用于精密计量、准直加工、医疗和通信等方面。如欧洲空间局未来卫星上用的激光通信系统（ISL^2），就是利用 CO_2 激光器配以电光数据调解器作为发射器。以色列的"彩虹"测距机也是用的 CO_2 激光器。

3. 化学激光器家族：化学激光器的工作物质多用气体，也有用液体的，由于工作物质在化学反应中本身就蕴藏有巨大的能量，比如每千克氟、氢燃料反应生成氟化氢时，能放出约 $1.3×10^7$ 焦耳的能量，当化学能直接转化为受激辐射时，就可以获得高能激光。例如氟化氢和氘化氯化学激光器可获得兆瓦级连续输出，而且波长范围较宽（氟化氘波长为 $5.0 \sim 7.0$ 微米），这种波长在大气中传输损耗小，所以它在激光武器中将得到大量应用。

4. 半导体激光器家族：半导体激光器常用的工作物质是砷化镓、镓铬砷、铟镓砷磷等。主要部分是一块只有毫米大小的单晶形成的具有发光作用的 PN 结，当通电后，N 层就聚集大量电子，通过结平面跃迁到 P 层中去，并产生光子辐射。PN 结的两个端面，做成非常平行的镜面，形成一个谐振腔，激发的光子在这谐振腔内形成振荡放大，从一个端面发出激光。其最大优点是体积小，重量轻，效率高，寿命长。输出功率较小，从几十毫瓦至几十瓦，可用于通信测距、射击模拟器等，如美国的"空间通信技术卫星"（ACTS）采用的就是镓铝砷激光器。

5. 自由电子激光器：它的工作物质是从电子加速器中获得的高能电子束，通过在真空中周期变化的横向磁场，使高速运动的自由电子与电磁场辐射相互作用，形成不同能态的能级，从而实现粒子数反转，并产生激光辐射。通过改变磁体间距和注入电子束的能量就可方便地调整激光的功率，其特点是输出波长可从 0.3 微米的紫外光到 10^4 微米的微波红外甚至 X 波段；具有极高的亮度和输出功率，同时能产生高质量的光束，所以能准确地定向和聚焦，在反导、电子战、同位素分离、激光核聚变

等方面有着非常广泛的应用前景。

　　除此之外，还有染料激光器、准分子激光器、X 射线激光器、液体激光器等，也得到了长足的发展，可以说在激光器王国的百花园中出现了百花争艳竞发展的繁荣景象。在未来的战争中，激光器定会发挥更大的作用。

为什么激光能在军事舞台上粉墨登场

1987年11月，在南太平洋上空跟踪苏联发射洲际导弹试验的美国飞机，其中一架的副驾驶员的眼睛突然什么都看不清了，约10分钟后才恢复正常。原来这是苏联在附近的军舰上，用激光致眩器发射了干扰激光（辐照）。

当1960年美国发明第一台激光器时，所产生的激光只不过被认为是一种亮度比普通光源高一万倍的闪光，根本就没有预见到激光器会对人类产生深远的影响。在短短的30年的时间，激光已在民用和国防领域大显身手，在军事上，对战术武器的目标测距、识别和制导等已成了它的拿手好戏。20世纪80年代以来，它又在战场上赤膊上阵，直接出击成了致眩、致盲、毁伤的战术武器，并已初显神威。

为什么激光能摇身一变，成为军事舞台上的明星？这还得从它的特点和由此引起的杀伤机理谈起。

我们已经知道激光与普通光相

美国"神枪手"激光制导炮弹

比，它方向性强，单色性好，亮度高，相干性好。另外，用激光作为武器发射时，它沿直线前进，不存在弹道弯曲问题，可以"指哪打哪"，在有限的距离内，光的飞行时间几乎等于零，目标根本来不及作规避动作，所以它对各种目标有极高的命中率。激光发射时，没有常规武器那样的后座力，因此隐蔽性能好，一切都在人不知鬼不觉中进行，所以对敌有较大的心理威胁，并有"死光武器"之称。

激光的杀伤机理，是由于激光束射中目标后能产生热破坏、力学破坏及辐射破坏等效应，使目标暂时或永久遭到毁伤。

1. 热破坏：由于激光的亮度高，射在目标上能使其表层材料因吸收激光而被瞬时加热到几千摄氏度而软化、熔融、汽化，直至电离，在目标上造成凹坑，甚至穿孔。这种热破坏效应称作"热烧蚀"，是激光武器的主要破坏效应。有时目标表层下的温度高于表面，而使下层材料以更快的速度汽化，如果汽化温度低的下层材料先行汽化，就会在目标内部产生很高的压力，从而引起热爆炸。

2. 力学破坏：用短脉冲的强激光照射目标，可使汽化物及等离子体

法国西斯·拉阿克泰公司制造

高速外喷，瞬间对目标产生反冲击作用，在固态材料内部生成应力波，从而引起目标变形、剪切或层裂等力学破坏效应。

3. 辐射破坏：目标受到强激光照射后，所生成的高温等离子体有可能产生紫外和 X 射线辐射，这些次级辐射会损伤目标结构及其内部的电子、光学器件。如 1983 年 7 月 26 日，美国用机载二氧化碳气体激光器，破坏了"响尾蛇"导弹的导引头，使其光电探测器受到损害，因而失控坠落。

本文开头提到的激光致眩器，属于低能激光器。它发出的激光能量还不足以在远距离上伤害人的皮肤，但很容易使人眼的视网膜烧伤或严重受损。激光束被聚焦到视网膜上，就像太阳光被放大镜聚焦到纸上把纸点着一样，导致视网膜上的血管受损而使视网膜充血。轻者视力还可恢复，但在一定时间内不能发挥作用；重者会对眼睛引起永久性损伤。

综上所述，激光由于在时间上、空间上和波长（频率）上的高度集中，成为世界上最亮、光束最准直、颜色最纯、相干性最好的光源，由此使它能对远处的目标产生热破坏、力学破坏和辐射破坏的杀伤效应，使它得到了军事科学家的青睐，并致力于开发它在军事上的应用，激光技术在军事大舞台上因此得以一展才华。

为什么说激光武器家族正悄然崛起

　　1983年7月26日，美军用NKC–135型飞机装载的500千瓦二氧化碳激光炮，击毁了从A–7战机上向它发射的"AIM–9B型"空对空"响尾蛇"导弹。这是美国做的用激光武器毁伤导弹光电探测制导系统的验证试验。

　　什么是激光武器？

　　激光武器是以激光束能量对目标起杀伤破坏作用的武器，通常由激光器、瞄准跟踪系统、光束控制与发射系统及能源系统等部分组成。按用途和激光能量的强弱可分为：激光致盲武器，它能量低能使人眼致盲或使某些电子光学设备失灵，此类武器已开始使用；战术激光武器，其激光能量较强，主要用于近程（几十千米）作战，破坏敌飞机、坦克和战术导弹等，这种武器已趋于成熟，很快就可进入实战；战略激光武器，其激光强度极大，拟用于拦截来袭洲际导弹和敌军用卫星，目前仍处在研制阶段。

　　激光器是激光武器的核心，用以产生杀伤破坏作用的激光束。精密瞄准跟踪系统可引导激光束精确地对准目标射击，并判定破坏效果；由于激光武器是靠光束直接击中目标，并稳定地停留一段时间而产生破坏效果，因此对瞄准跟踪的速度和精度要求很高。光束控制与发射系统的作用是根据瞄准跟踪系统提供的目标方位、距离等数据，将激光束快速、准确地集中在目标上，力求达到最佳的破坏效果，其主要部件是反射率高并耐强激光辐射的大型反射镜。国外已在研究采用轻质复合材料制镜，并积极研制相控制式的光束发射镜。为克服大气影响，也在发展采用相位校正技术的自适应光学系统，如可变形镜等。

由于激光固有的特性，使激光武器具有快速，反应灵活，精确和抗电子、抗红外干扰等优点。但它随着射程增加破坏力减弱，大气对激光有较强的衰减作用，战场烟雾等也对其作战效果有较大影响。然而，它可和其他武器配合使用，发挥其独特作用，所以激光武器的发展有增无减。

经过三十几年的研究与发展，激光武器所需的各项单元技术均有了较大的突破，并成功地进行了一系列的打靶试验——

MBB 公司研制的高能激光器（德国），用于辅助导弹和高射炮完成防空任务

1976 年美军使用 LTVP－7 型坦克载激光炮做防空试验，数秒内即击落两架固定架靶机和直升架靶机，该激光炮是 100 千瓦功率的试验型。

1979 年苏联用激光武器成功地摧毁了地面目标；1981 年对飞行中的导弹进行激光打靶试验，再次获得成功。

1982 年秋，美国使用强激光成功地摧毁了"陶式反坦克导弹"。

1989 年 2 月 23 日，美海军在某导弹靶场，用代号叫"米拉克尔"的中红外高能化学激光器，第一次成功地拦截和击毁了一枚快速低飞的巡航导弹。

1990 年德国试验了车载防空激光武器，激光束可破坏 10 千米内的来袭飞机和导弹，还能致盲 20 千米或更远处的光电传感器。

根据发展状况，用于干扰或破坏人眼和各种光电装置的激光致盲武

器，在20世纪90年代内装备军队；激光防空武器和激光反卫星武器在90年代末或21世纪初进入实战状态；用于战略防御的激光武器则在21世纪部署。

　　总之，激光武器已在各国竞相发展中，不断进步，逐渐向战场实用方向进军。武器王国的后起之秀——激光武器正在悄然崛起。

为什么说战术激光武器已大展宏图

　　1982 年英阿马岛海战中，阿根廷一战斗机驾驶员刚瞄准了英"亚古尔水手号"护卫舰，突然一束刺眼的光束使他什么也看不清楚，只得放弃攻击行动，这便是英国率先在实战中使用的"激光眩目器"在发挥作用。"激光眩目器"是战术激光武器的一种，它是利用激光使敌方飞机驾驶员、高射炮手等关键军事人员的眼睛短时间内眩晕而暂时失去跟踪目标能力，为己方的作战行动提供有利时机。

　　目前发展中的战术激光武器，按用途可分为：激光干扰武器、激光致盲器和激光防空武器等。其中激光防空武器一般都同时具有干扰、致盲和毁伤壳体的软、硬破坏能力。

　　激光干扰武器实际上是用激光源代替以往红外干扰机中的非相干光源（如铯灯等），只是功率更高干扰能力更强。它和致盲武器都属于激光对抗武器，它可干扰甚至破坏侦测、制导、火控、导航、指挥、控制、通信系统中的望远镜、夜视仪、前视红外装置、测距机、跟踪器、导引头、目标指示器、光学引信等，并可损伤人眼，在战场上可以起到扰乱、封锁、阻遏或压制作用，并能对敌方产生强烈的心理威慑。

　　美国空军于 1988 年秋开始研制的"闪光"激光干扰系统就是一种典型的激光干扰机。它安装在飞机上，当飞机受到红外寻的制导导弹攻击时，它可瞄准、跟踪来袭导弹，在适当距离上发射红外激光束，干扰导弹的寻的功能，使其偏离攻击方向。

　　激光致盲武器具有干扰和致盲功能，其典型代表是美国的"魟鱼"

激光武器系统。它于 1982 年开始研究，由于采用了板条状的新型钇铝石榴石晶体，减少了以往存在的热畸变，改善了光束质量，其输出的激光能量可达 0.1 焦耳以上，可破坏 8 千米处的光电传感器，并能伤害更远处的人眼。该系统拟装在"布雷德利"步兵战车上，并在 1986 年成功地进行了全系统演示验证试验；在 1991 年的海湾战争中曾装在轻型车辆上企图投入作战，但没来得及实战应用，预计 90 年代中期列装。目前，陆军又在研制 33.8 千克重的轻型"虹鱼"系统，拟装备 AH - 64A 直升机上，用于光电对抗。除此之外，美国空军还在研制"贵冠王子"及便携式的轻型致盲武器。苏联的激光致盲武器发展较快，并在飞机、舰船及坦克上开始了试用试验。

激光防空武器是通过激光毁伤壳体、制导系统、燃料箱、天线、整流罩等，拦击大量入侵飞机和精确制导武器的战术激光武器。其特点是可在对抗精确制导武器，特别是反巡航导弹方面，发挥其独特的优势，弥补现有防空武器的不足和缺陷，成为一种常规威慑力量。其大量使用后将影响精确制导武器的结构和战术应用。

苏联对激光防空武器一直比较重视，1987 年已进入原型样机研制

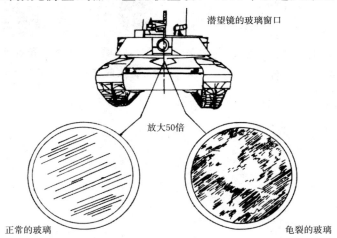

潜望镜的玻璃窗口

放大50倍

正常的玻璃　　　　　　　　　　　龟裂的玻璃

激光在玻璃上产生的龟裂效应

阶段，目前正在发展国土防空、野战防空和舰船防空三种激光武器。在90年代中期将提供使用。

美国在1976年用放电激励二氧化碳激光器击落过飞行靶机，1983年又用机载气动二氧化碳激光器击落了5枚"响尾蛇"空空导弹，同年12月又击落了模拟巡航导弹飞行的靶机。

英国已在其"T-22"型护卫舰、"利安德"级护卫舰和"无敌"级、"竞技神"级航空母舰等十多艘游弋于波斯湾、加勒比海和马岛附近海域的舰船上安装了激光致眩器和激光致盲武器。

总之，随着激光技术的飞速发展，战术激光武器作为一类崭新机理的武器，已初展宏图，出现了雨后春笋般的发展势头，一些军事强国投入了大量人力物力，不惜重金，抓紧研究，并取得了令人瞩目的成果。大量的实例证明，在未来的战场上激光战术武器将会发挥更大的作用。

休斯公司（Hughes）和美海军联合研制的跟踪/定向激光武器系统

为什么说激光雷达是有重大
发展潜力的新技术

　　第二次世界大战中，微波雷达的出现，带来了目标监视技术的一场革命。今天，激光雷达又脱颖而出，其优异的性能备受关注，被称为"有重大发展潜力的新军事技术。

　　什么是激光雷达？它是利用激光探测、跟踪和识别目标的装置。其工作原理和普通微波雷达相似，由发射望远镜、激光器、探测器、数据处理器和显示器等部分组成。

　　激光雷达于20世纪60年代初开始研制，至今已发展到第四代。第一代是以60年代中的OPDAR系统为代表的氦—氖激光雷达；第二代是以70年代初的 PATS 系统为代表的掺钕钇铝石榴石激光雷达；第三代是以 70 年代中后期的"火池"为代表的远距离高精度外差探测二氧化碳激光雷达；第四代是以 80 年代初的 IRAR 系统为代表的小型多功能二氧化碳激光雷达。目前二氧化碳激光雷达已成为激光雷达发展的主流。

　　激光雷达有什么特点呢？① 激光雷达抗干扰性能强、隐蔽性好。它波束窄，敌方难以截获；灵敏度高，发射能量小，敌人很难接收到。② 与微波和毫米波雷达相比，激光雷达具有更高的角度、距离和速度分辨率。在相同的天线尺寸条件下，其角分辨力要比毫米波雷达高 2～3 个数量级；它波长短，二氧化碳激光雷达发出的激光波长为 10.6 微米，固态激光雷达的波长仅为 2 微米，而一个 94 千兆赫的毫米波雷达发射的无线电波波长为 3.2 毫米，因此激光雷达产生的目标图像比毫米波雷达产生的目标图像要清晰得多，对目标识别极为有利。③激光雷达信号稳定、准确。为了提高制导武器的命中精度和识别真假目标的能力，就应保持所测目标特征的稳定性，而激光雷达能准确地记录目标的三微特征，从而能可靠地识别目标并减少虚警。④激光雷达功能全。它既能测角又能测距，还能测速；同时还可给出三维图像用于图像识别和地形匹配等，是可见光及红外被动成像无法比拟的。⑤兼容性好。激光雷达与红外热成像系统具有较好的兼容性，可以共用光学系统扫描系统、接收放大、信息处理系统和电源，从而使组合系统结构紧凑，减少了体积、重量和成本，在功能上亦能互补，又能各取所长，这种双模雷达适合全天候作战，备受军方青睐。

当然激光雷达也有不足，如作用距离没有微波雷达远，不能在恶劣天气条件下使用等，随着自适应光学系统关键技术的解决，就可使大气湍流等引起的大气去相关作用得到随机校正，使激光雷达的性能进一步提高和改善。

由于激光雷达这些超群的技艺，所以能使它在军事上得到广泛的应用：用于战场侦察；动目标探测、跟踪、分类和识别；测距、测速，完成各种火控任务；测定横风和振动；飞机的导航；直升机、巡航导弹飞行中的地形跟踪及巡航导弹的末端制导；宇宙飞船空间定位、对接；遥测风速、湍流和大气悬浮成分，如化学毒剂的测定、生物战剂的预警，并可由探测的飞机发动机的尾焰，去发现飞行中的隐身飞机和藏在山岭后面的直升机等。

美国的"战略防御倡议"（SOI）计划，也即新闻界称之为"星球大战"的计划中，已演示过用激光雷达跟踪和识别弹道导弹所释放的真弹头和各种诱饵的能力，其成像速度比微波雷达快3000倍，能从750千米以外的距离测量每个目标的动态特性。目前处于试验阶段的二氧化碳外差雷达，已能检测出3～5千米内10毫米的电线电缆，从而为飞机和巡航导弹的低空自动飞行提供了可能。据说美国已把二氧化碳激光雷达作为第二代巡航导弹系统的主选方向，将用它进行地形跟踪和地形回避，

以及中段导航和高精度制导，实现目标自动识别。

　　随着激光雷达体积的进一步减小，功率和作用距离进一步加大，其作用将越来越明显，应用范围也更加广泛，所以说激光雷达是有重大发展潜力的新技术。

为什么说战略激光武器是战略
威慑力量的重要砝码

　　1981年3月中旬，苏联的"宇宙杀伤者"号卫星，使美国一颗卫星的照相、红外和电子设备完全失效。据称，这意味着苏联的战略激光武器，当时已处于试验阶段。

　　什么是战略激光武器呢？

　　战略激光武器通常是指反卫星、反空间武器站和反战略导弹的高能激光武器。由于这种武器将成为对付空间武器系统和遏制大规模导弹进攻的战略防御手段，所以将是未来战略威慑力量的组成部分。对它竞相发展的结果，必会带动一批高技术的进步，同时带来巨大的经济效益，可以预见，将来参加"高能激光俱乐部"，会像现在的"核俱乐部""航天俱乐部"一样，是大国地位的象征，所以，它意义重大。

　　激光反卫星武器是利用强激光束攻击卫星的装置，也称"反卫星激光炮"，它可通过干扰、破坏星载光电仪器设备或摧毁卫星平台，使天基指挥、控制、通信与情报系统（即 C^3I）失灵或完全瘫痪；或者用于毁伤战略防御系统中的天基武器站或激光作战镜等，为己方的战略导弹打开攻击通道。由于卫星轨道一般可测，相对于地面的运动速度不是很高，光电仪器设备的破坏所需的激光能量也较低（只需几焦耳即可），所以反卫星激光武器比较容易实现。陆基反卫星激光武器技术也已趋于成熟。

　　激光反战略导弹武器，是利用强激光束拦截洲际导弹的武器，也称"战略反导激光炮"，它被认为是多层次战略防御系统中实施助推段和助推后段拦截的最佳手段，美国和苏联都很重视，在美国的"战略防御倡议（SDI）计划"中是发展重点。苏联的发展水平与美国大至相当。这种激光武器尚处于可行性研究阶段。

战略激光武器的核心部件是高能激光器，由于所要拦截的目标距离比战术激光武器远，而且加固程度高，所以反卫星武器的激光平均功率应比战术防空激光武器高一个数量级，而反导激光武器则要高两个数量级。由于还要天基应用，所以对重量、体积等要求也高。目前重点研究发展的高能激光器是自由电子激光器、化学激光器、X射线激光器和准分子激光器。

由于建造高能激光器技术难度大，耗资较高，所以进展较慢，但美、俄等国还在大力竞争。在自由电子激光器研制中，美国于1990年7月签订了一项总额为4.8亿美元的合同，建造一台波长10微米，平均功率10万瓦的自由电子激光器，预计1994年运转；美国还按"天顶星"计划，加速研制波长2.7微米的氟化氢化学激光器，即"阿尔法"无基激光器，它采用阵列式结构，输出功率将达10兆瓦，天基运行，用于拦截助推段的来袭导弹。在X射线激光器方面，美国从1984—1991年的研究经费为18.76亿

美国构想中的天基激光武器

美国天基X射线激光器，由美国航天飞机放置在地球轨道上（构想图）

美元，由于难度较大还在进行探索；准分子激光器是战略激光器的候选器件，起初重点考虑用于反卫星。目前已在白沙靶场演示验证了每个脉

冲 24 焦耳能量，平均功率 5 千瓦的喇曼频移准分子激光器。

除了高能激光器外，光速控制与发射系统和精确瞄准跟踪系统也是战略激光武器的关键技术。目前美国已研制成功了 3.5 米孔径的光束定向器，激光瞄准精度已达到误差小于 1 微弧度，证明定向能武器的瞄准跟踪是可行的。

随着高技术群体的不断发展，反卫星激光武器在 90 年代末期将会出现，美国的侦察卫星已发现苏联在其与阿富汗毗邻的杜尚别地区山顶上建造的两个庞大设施，很可能是反卫星激光武器。美国按 1989 年制定的计划，拟 1997 年开始部署反卫星激光武器。

反战略导弹的激光武器难度较大，又受到政治因素和国际形势的影响，其发展存在着很多不确定因素。目前看来，部署这种武器，要到 21 世纪才能见分晓。但无论如何，战略激光武器，过去曾是美、苏进行空间军备竞赛的主要领域，今天也是其争夺高科技制高点的主要阵地，所以它肯定会得到青睐和扶植，将成为战略威慑力量的重要砝码。

为什么称激光通信是通信
技术史上的一次革命

　　1981年5月，美国在圣地亚哥附近海域上空，用一架在13000米高度飞行的飞机，采用波长为0.53微米的激光束发出信息，穿透了大气层和海水，与一艘巡航在300米深度的导弹核潜艇进行了成功的通信试验。此举震惊了世界众多的科学家，也开创了用蓝绿激光进行水下通信的先河。

　　激光通信是利用激光做载波传送信息的通信。由于激光是频率单一的电磁波，就像电台发射某一个频率的电磁波一样，可用它作为载波来传递信息。激光的频率高达几亿兆赫，用它作载波传送话音信号时，由于每路电话所占的频带宽度为4000赫，故可容纳上百亿路电话同时通话；若用它传送电视节目，可同时播送一千万套而互不干扰。其优点是：容量大、保密性好、安全可靠、抗电磁干扰能力强及天线尺寸小，重量轻。但其主要问题是激光束在大气和云层中的散射和吸收不仅强度会下降1～2个数量级，而且光束还会展宽，发散角变大，并使激光脉冲也随时间展宽，当激

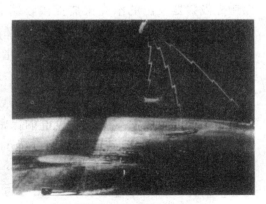

星战激光对潜通信示意图

光束穿过海水时，强度减弱更为严重。这些缺陷，为大气和水下激光通信的发展，设下了重重障碍。

激光通信包括大气激光通信、空间激光通信、空间对潜激光通信、水下激光通信和光纤通信等。20世纪60年代初最早开始研究的是大气激光通信，但其应用有限。60年代末，光纤作为光的传输介质引入激光通信后，激光通信才以光纤通信为主要形式发展起来，并在军事和民用领域都得了广泛的应用。

激光通信的原理与过程，基本上与普通微波通信相类似，只是利用激光作载体。激光通信系统的组成分为发信端和接收端两部分：发信端主要包括调制器和激光发射器；接收端则由接收端和调解器等组成。在发信端，调制器首先把要传输的信息转换为电信号，再馈送到发射器中的放大电路中放大，然后将放大的信号加到数据传输激光发射器上，由它发射出载有所要求传输信息的激光束；在接收端则由接收器把收到的含有信息的激光转换为电信号，然后将电信号放大并校正失真，最后由调解器还原成原始信号。

在军事领域，目前研究的激光通信主要有以下三种。

1. 卫星激光通信：卫星激光通信是在外层空间进行的，不受大气影响，故可充分发挥激光通信的优点。由于卫星的运行轨道是已知的，因而激光发射器发出的窄光束捕捉接收端卫星较为容易，但其技术难点是如何准确无误地进行高数据传输。该通信系统重59千克，功耗150瓦，天线直径76～152毫米，传输率为15兆比/秒，卫星间通信距离为7.2万千米。

2. 飞机间激光通信：用于空中指挥、侦察飞机向其他飞机进行数据战略转移，以及低空编队战斗机群的保密通信。由于它必须克服大气效应，目前一般采用穿透大气能力较强的激光及窄频带大视场接收器等措施来减低大气和云层的影响。美从1981年以来就一直进行飞机间的激光通信研究，1989年曾改装了一架C-135飞机作为永久性激光通信试验平台。目前仍在研制阶段。

3. 激光对潜通信：它代表了当今最复杂最高级的对潜通信。传输深度深（可达几百米）、传输数据率高和通信时间短是其三大优点。激光对潜通信，有机载系统、星载系统和陆基反射镜系统。后者已被淘汰。星载系统是全球性的，特别适合对发射弹道导弹的潜艇通信。而机载系统，则对战术潜艇更适合。美国从20世纪70年代末开始研制对潜激光通信，现已研制成功了用作激光通信的"频移氯化氙激光器"。

随着科技的发展，激光通信的技术难点，将一个个被攻破。届时，激光通信将取代微波通信系统，完成通信技术上的又一次革命。

光纤通信技术为什么能在
军事领域迅速崛起

　　20世纪80年代初，美、日、英、法等国家先后宣布，各国今后新建长途通信干线，将不再使用电缆，而一律改为光缆。1989年2月，横跨大西洋的第一条电话用光缆开通；4月，建成了横跨太平洋全长13310千米的光通讯海底电缆，可以传递声音、图像和各种电子计算机信息，可同时提供4万对话路。从此天堑变通途，宣告了光纤通信时代高潮的到来。

　　什么是光纤通信呢？光纤通信属激光通信的范畴，是一种以光波为信息载体，以光导纤维为传输媒介的新兴通信手段。它不同于传统的由金属导体或波导传输电信号的有线载波通信。光纤由石英等介质材料制成，是由纤芯和包层构成的圆柱形导线。光纤直径为5～50微米，和头发丝差不多，光缆由很多根石英光纤，加入充填料外面包上塑料包层，包层外径一般为100微米左右，再缠上几层防护材料，套进以钢丝加固的塑料外壳中，这样的光缆跟电缆一样，具有足够的抗拉强度，而且可以弯曲，可埋入地下，架在空中和铺设在海底。目前一根光缆已能通几万路电话或几十路电视节目。光纤通信与电缆通信相类似，只不过光导纤维传输的是载有信息的激光信号。

　　光纤通信系统是由光发送机、光缆、光中继器和光接收机及电发送机、电接收机等组成。在发送端，信息通过光发送机转换成电信号，对光源发出的激光载波进行调制后，通过光纤传输到接收端，经光接收机转换成电信号，由电接收机解调恢复出原信息。为了补偿线路的损耗和消除信号变化的影响，每隔一定距离接入光中继器。光源主要采用半导体激光器，如砷化镓、镓铝砷等激光器。

光纤通信系统与电缆通信系统相比，具有以下优点：①传输损耗低，中继距离远。由于激光在光纤中传输不受大气影响，所以损耗低。它还可减少传输中继站，同轴电缆系统几千米就得设一个中继站，而光纤通信系统则几十甚至几百千米设一个中继站。②传输容量大。③光纤通信成本低。光纤的原料是资源丰富的石英，1千克的石英可拉制成1000千米的光纤，而要生产容量相同的1000千米的同轴电缆，则需要500吨铜和2000吨铅，所以能节约大量的有色金属；④光缆体积小，重量轻，柔软易弯曲，便于铺设。⑤光纤是一种非导电体，不受外界电磁波和核爆炸电磁脉冲干扰，也不向外辐射电磁能量，通信隐蔽性强；而且不易被窃听，保密性强。⑥光纤可安全地在高压、易爆或易燃材料附近使用，可与电气完全绝缘，且没有接地和串音问题。

光纤通信系统这些出类拔萃的优点，使它在现代军事王国备受青睐：它有利于增强指挥、控制通信与情报系统的生存能力；有利于分散和隐蔽部队；有利于提高部队机动性和快速部署能力；有利于减轻后勤供应的负担等。因此它在军事领域的应用不断扩大，如应用于舰船光纤数据传输网络、机载光纤系统、光纤反潜战网络、海底军用光纤通信系统、军事基地光纤通信系统，光纤C^3I系统、光纤制导导弹、光纤制导鱼雷……可以说，陆海空三军和民用通信系统，到处都有它的身影。它如雨后春笋般地发展，在迅速崛起。

为什么称激光对抗是激光武器的冤家对头

纵观武器发展的历史，不难看出，凡是一种新的有效的兵器技术广泛应用，必然导致与之相对抗的有效手段出现。随着激光技术与激光武器装备的迅速发展，"激光对抗"也在悄然崛起。你看它，先是对战场上发现的激光武器进行报警，然后就对症下药予以破坏：轻者，施放烟幕或射放假目标让你上当受骗；重者，迷瞎你的眼睛，射穿你的机体，让你无计可施。因此人称"激光对抗"是激光武器的冤家对头。

激光对抗包括对激光辐射源的侦察告警、无源干扰、有源干扰和激光防护等几个方面。

1. 激光侦察报警器：是一种装备在坦克、军舰和飞机上探测敌方激光制导武器、激光测距机、激光雷达和激光武器等的被动侦察设备。从20世纪70年代初开始研制，已有少量型号装备部队，作用是当这些目标被敌方军用激光装置照射时，探测和识别激光辐射，测出激光源的方位、波长及使用方法等战术技术参数，发出声光告警，并引导进一步的对抗。在海湾战争中，装在美国直升机上的轻型 AN/AVR－2 激光窄脉冲报警器和美国的 SLIPAR 短激光脉冲报警接收机都上了战场。已经列装的还有英国的 1220 系列激光报警器。法国的"HLWE"、挪威的"RLI"及法国的"DAL"激光报警器等都在加紧研制中。据称苏联装备部队的激光报警器早已投入使用。

2. 激光无源干扰：目前烟幕是激光无源干扰的重要器材。烟幕对相干光具有独特的吸收、散射等作用。它能遮蔽激光目标指示器操作者的目标图像，衰减入射或反射的激光能量，使激光制导武器的导引头无法探测和跟踪。

目前各国装备的烟幕器材主要有装甲车辆用的快速烟幕系统、炮兵烟幕弹药、快速防空烟幕系统和直升机用烟幕火箭等。其发展方向是研制对抗可见光至远红外波段的宽频带的多功能烟幕、对抗光波及射频的复合烟幕、以吸收为主要消光因素的吸收型烟幕。作为激光无源干扰器材，目前正在研究发展的还有光箔条、光角反射器及朗伯反射体，利用它们对激光的强反射形成激光假目标或隐蔽真目标。

3. 激光有源干扰：目前分为两类，一类是转发式激光欺骗干扰，一类是致盲压制式激光干扰。

转发式激光欺骗干扰是由激光干扰机照射光角反射器、光箔条或朗伯反射体而形成激光假目标，来欺骗敌方激光制导武器和观瞄设备，所以又称激光复合干扰。欺骗式激光干扰机，其实就是激光目标指示器。其发展方向是：所发射的激光脉冲参数可在较大范围内变动；激光输出各项主要参数稳定性高，输出能量高，出光延迟时间尽可能短。

致盲压制式激光干扰通常是利用高功率激光干扰机照射敌方的激光武器系统的光电传感器、人眼或光学系统，使之饱和、迷盲以至彻底失效，所以又称为"软杀伤战术激光器"。一般说，这类激光干扰机在某个距离范围内可造成硬杀伤。激光眩目器、激光致盲机等都属于有源干扰源，如美国正在研制的1000瓦的二氧化碳激光致盲机及苏联的已在1987年装备的激光致盲武器等。德国、法国和英国等也在研究激光和激光干扰武器。德国进展较快，从1985年就提出了用气动二氧化碳激光器制作激光致盲器。

4. 激光防护：激光的防护器材主要有防护镜、防护面罩、防护薄膜和滤光片等。防护镜适合暴露在激光辐射中的人戴；防护面罩可装在空勤人员的头盔上；防护薄膜可附在飞行头盔面罩上或光学装置上；滤光片可装在光学瞄准器材上；以保护操作人员的眼睛。

俗话说：魔高一尺，道高一丈。激光对抗技术将随着激光技术的前进而发展，这一对冤家对头将在战场上展开逐渐升级的较量。

为什么激光技术生机勃勃方兴未艾

激光技术经过 30 多年的发展，从基本理论、基本技术到制造工艺都日趋成熟。

一些发达国家都在大力抓紧激光技术的发展，竞相投入大量人力、财力抢占这一高技术前沿地带。美国计划20世纪90年代初在高山上建立两座反卫星激光站，耗资达60亿美元。苏联每年用于激光武器研究发展的费用为 10 亿美元，参加研究的人员为美国的五倍，约 10 万人，其中科学家和工程师就有 1 万人左右。欧洲各国对激光技术的发展也十分重视，特别是对激光武器的研究更为关注：英国的战术激光武器和激光装置发展迅速，研制成了如"星光"地对空便携式激光制导导弹"救星"和"PA7030"激光报警系统等；法国的激光测距水平最高，在 1984 年就研制成功"AS‐30"激光制导导弹，还研制成功"ATLIS"机载激光指示系统；在德国，注意抓航空航天用的激光系统和"豹Ⅱ"坦克用的激光武器系统。其他如意大利、挪威、瑞典、瑞士等也都各自研制各种激光制导、测距、指示、目标捕获及激光训练模拟器等军用装置，如瑞典在 1975 年就研制成功了 RBS‐70 便携式激光制导的地对空导弹，如今已到了第二代。

近年来，激光武器研究仍以高能武器为目标，继续抓紧研究卫星和反导弹的战略武器，并取得了三项突破性进展：一是钇铝石榴石激光的输出功率超过了千瓦级，日本已有平均输出 2 千瓦的产品出售，英国正在研制平均功率 2.3 千瓦的掺钕钇铝石榴石激光器；二是固体激光器实

M1坦克装置了第三代火炮稳定系统，能在行进中瞄准和射击。和豹Ⅱ坦克的后期生产型一样，M1也配备先进的二氧化碳激光测距机，其透过烟雾和尘埃的性能较佳

现了小型化、全固体化，如美国准备采用小型半导体激光器完成火星测绘任务；三是可调谐固体激光器又增加了新成员，其中掺钛的蓝宝石激光器特别引人注目，它可在近红外 700～1100 纳米范围内调谐，最高输出功率 3 瓦。这种固定可调谐激光器，将在材料科学、生命科学、光谱学、光纤学、非线性光学，以及在光电对抗激光雷达、遥测、遥感等技术应用中起重要作用。

我国发展激光技术起步也较早，1961年9月继美国之后一年多时间研制出第一台红宝石激光器，此后除国外重大投资项目外基本上都能进行带有创新性的跟踪。例如，我国的调 Q 技术是与国外同时发展的；

在"飞秒"及"超短脉冲"方面，也处于世界发展前列。在应用方面，如激光育种、激光医疗等都取得很快进展。近年来，我国为研究等离子体及核反应而建立的大功率钕玻璃激光装置，输出能量达 1 千焦，峰值达一太瓦，已引起国际上的关注。

美国的激光目标跟踪装置。该吊舱已用于A-10、A-4、A-7和F-16战斗机等，可远距离探测、识别和跟踪激光的指示的目标

激光技术在发展中将与电子技术更加紧密地结合，大大提高信息探测、传输和处理能力，成为信息技术的支柱；激光技术与核技术紧密结合，将为人类解决能源危机提供新的

我国的激光测距仪

重要途径，利用高功率激光照射聚变燃料使之发生聚变反应，可人为地控制反应速度，缓慢而连续地将聚变能量转换为热能和电能；激光技术在军事领域的发展将使陆基激光武器成为自动防空系统的主力，预警雷达与激光雷达并肩作战，可及时发现大群飞机、多弹头导弹并在瞬间一举全歼；车载和机载激光武器与反坦克导弹密切配合，就能使敌方大批坦克的轮翻进攻成为幻梦，有来无还；舰载激光武器能使入侵的飞机、反舰导弹被有效拦截；太空中的天基激光武器将在远距离上攻击各种侦察卫星、通信卫星和其他航天器，并摧毁洲际弹道导弹。21世纪，光武器时代到来，五花八门的激光炮、激光枪、激光告警器、激光致盲武器、激光反导与防卫武器将在陆地、海洋、空中和太空中大显神威。

为什么称粒子束武器是未来
太空战场上的尖兵

1975年11月的一天，美国侦察卫星带着各种设备悄悄地窥探着地球的动静。突然，在苏联中亚西亚的塞米巴拉金斯克地区上空，连续多次发现了核爆炸分裂物质——气态氢和微量氚。当天，苏联既没有进行地下核爆炸，也没做大气层核试验，这些核爆炸分裂物是哪里来的呢？经过长时间分析、研究，才弄清楚，这是苏联试验一种名叫粒子射束武器所造成的分裂物。

所谓粒子射束武器，也称"粒子炮"，是利用高能强粒子射束伤害并摧毁目标的一种定向能武器，主要用于攻击弹道导弹和卫星等航天器。粒子束的粒子，是构成原子的各种基本粒子，主要是电子、质子、中子。这种武器是由能量很大的能源、高能加速器和发射控制系统等三部分组成的。它的能源就如同常规武器中发射弹丸用的发射药；高能加速器就如同火炮的炮管，它的作用是与能源配合，给予粒子以很高的运动速度；发射控制系统的作用类似常规武器的侦察、瞄准设备和击发机构。电子、中子、质子、等粒子在能源提供的能量推动下，经过加速器逐步加速，到冲出加速器时，每个粒子的速度可接近光速。这种高能加速器每秒能发射出六百万亿个粒子，所以它就像高压水龙头喷射水流那样，射出的是一股高速高能粒子流，具有很强的杀伤本领。据测算，这股粒子流打到目标上以后，相当于一磅高能炸药直接在目标上爆炸那样大的威力。因此它打到洲际导弹上，可以点燃导弹的战斗部使其在高空自毁；打到人造卫星上，足以使其电子设备毁坏殆尽，变成废物。由于它速度快反应时间短，而且容易在射击中改变方向，所以它是比较理想的反导弹、反卫星武器。

目前试验的粒子束武器，基本上有两种类型：一种是带电粒子束武器，另一种是中性粒子束武器。前者有可能构成适于大量使用的短程战术武器，其特殊的技术条件是电子或质子束在大气中传播与大气碰撞时能稳定并保持足够的能量；后者，由于中性粒子与空气中分子反应非常强烈，因此只适用于外层空间。

带电粒子束武器，是用电子、质子等带电粒子来作为子弹的束能武器。高速运动的电子、质子在空气中前进时，能使不导电的气体变成导电的气体，这样就在大气中打开了一条道路，让所有的带电粒子都沿着这条道路齐心协力地去攻击目标。所以带电粒子束武器具有穿云透雾的能力，适宜于在地面攻击敌方来袭的导弹和战略轰炸机等；也可把它装备在舰船上防御敌方空对舰导弹的袭击，及对付各种精确制导武器。

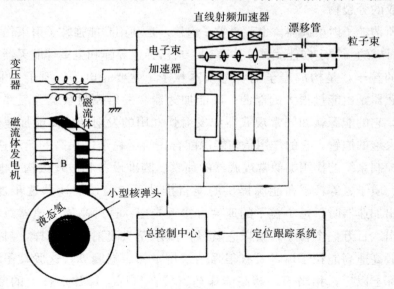

带电粒子（质子）束武器系统之一

中性粒子束武器，是用中子等不带电粒子作为子弹的武器。由于粒子不带电，粒子束中的各个粒子间便没有静电排斥力，地球的磁场对它也无法施展魔力，因此它扩散小、方向便于控制，适用于空间作战，可用它摧毁高轨道卫星和洲际导弹。

粒子束对目标的杀伤形式表现为：使目标结构破裂；使目标内的炸药爆炸；使火箭的推进剂燃烧爆炸；以产生的辐射剂量辐照电子元器件或电路使它们受损。因此粒子束对目标的杀伤机制是机械的、热的和电磁的合力冲击，并兼有辐射剂量杀伤。

粒子射束武器传送的能量不是电磁波，而是质量较大的电子、中子、质子和像小子弹似的较大粒子，所以它能给目标造成更大的打击。与激光和其他定向能武器相比，它具有更多的优越性，所以苏联和美国等都对它特别重视。所以说它是未来太空战场上的尖兵。

高功率微波为什么能成为人员
和电子设备的隐形杀手

　　在 1991 年的海湾战争刚开始的数小时内，美海军发射的"战斧"导弹首次使用了试验性的高功率微波弹头。它以普通炸药为能源，将爆炸的能量转换为微波能量，据称它在干扰、毁坏伊拉克的电子系统方面起了重要作用。这标志着高功率微波波束武器已进入了实用开发阶段。

　　什么是微波武器？

　　微波武器是利用微波波束杀伤破坏目标的定向能武器，也称"微波波束武器"或"射频武器"。这种武器由超高功率微波发射机、大型高增益天线及跟踪瞄准、控制系统等配套设备组成。它与雷达相似，但所发射的微波能量比雷达要高百倍至万倍以上。作战时，大型天线把微波发射机输出的高功率微波聚合成窄波束，其能量高度集中，并以极高的速度射向目标，产生杀伤破坏效应。

　　早在第二次世界大战前，就有人设想用"电波"击毁飞机，战后几十年里，大功率微波能量的生产技术有了很大发展，此后 10 年取得了重大突破，为微波武器的发展提供了必要的条件。随着微电子技术及隐身技

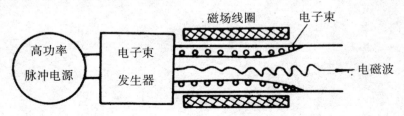

术的发展，战场上出现了"灵巧"和"隐身"武器，对付这种采用多种高技术的复杂武器，传统的办法已无能为力，因此发展新一代能使"灵巧"变笨变傻的新机理武器便成了军界的当务之急，于是用高能微波轰击电子设备，使精确制导武器等失灵的微波武器便开始孕育。

试验表明，微波武器不仅能像核电磁脉冲那样攻击武器装备中的电子设备，而且还能像中子弹那样杀伤目标内部的战斗人员。专家们已发现，微波能量对人的杀伤作用可分为"非热效应"和"热效应"两种，即功率不太高的微波照射能使人头痛、神经错乱等，属于非热效应；强微波能产生烧伤或致死，属于热效应。

当微波能量密度达到 3～13 毫瓦/厘米^2，会使人产生行为错误，甚至心肺功能衰竭；当能量密度达到 0.5 瓦/厘米^2，可造成皮肤轻度烧伤；当能量密度达 20～80 瓦/厘米^2 时，作战人员只要照射 1 秒钟便可致死。如苏联的研究人员曾用强微波照射远在 1 千米以外的山羊，达到瞬间死亡的结果，2 千米以外的山羊也会顷刻瘫痪倒地。

当发射的微波波束在目标区的能量密度达到 0.01～1 微瓦/厘米^2 时，可使相应波段工作的雷达和通信设备等电子系统不能正常工作；当能量密度达 0.01～1 瓦/厘米^2 时，可使电子系统的微波器件性能显著下降，甚至失效；当能量密度增加到 10～100 瓦/厘米^2 则可烧毁任何工作波段的电子元器件；当能量密度增加到 1000～10000 瓦/厘米^2 时，可使 260米处的闪光灯泡瞬间点燃，再增加就可点燃远距离的弹药库或核武器。

由于隐身武器和隐身飞机等主要是通过外壳覆盖吸波材料或吸波涂层来吸收雷达波而达到隐身目的的，这种兵器外壳一旦受到高功率微波照射，就更易受损或完全烧毁。

由此可见，高功率微波武器具有奇特的杀伤效能，与常规武器相比，它可在不破坏目标实体的情况下严重削弱其战斗力；与同属于定向能武器的激光和粒子束武器相比，它的波束较宽，且能量衰减慢，照的目标区大，作用距离远，杀伤范围更广阔；另外，它受天候影响小，能在各种环境下作战，尤其可随时改变微波频率，使相应的对抗措施复杂化，令敌人防不胜防。其不足是天线尺寸较大。

苏联非常重视高功率微波武器的研发，自20世纪70年代以来，就把重点放在相对论磁控管和返波管振荡器等高功率微波源的研制上。据称，苏联已试验单射频脉冲功率可达100兆瓦以上的大功率源，如再配以大型天线就能成为实用的微波武器，届时完全能击毁美国为下一代导弹研制的毫米波寻的器。在高功率源方面，苏联已领先于美国。

美国从20世纪80年代奋起直追，重点是开发虚阴极振荡器功率源，基本上接近武器级水平。此外，美国还开发了自由电子激光器，相对论磁控管及利用核爆炸和炸药作为"能源"的技术。本文开头提到的微波弹头就是桑迪亚国家实验室于1983年试验成功的以炸药爆炸作为能源的磁通量压缩器，输出的脉冲磁能已达18兆焦耳，并实用于战争进行了验证。

英、法、德、日等国也在开展高功率微波武器技术的研究。日本已进行过用电波轰击飞机的试验。法国已达到脉冲能量为10～100焦耳的水平。

从微波武器竞相发展的势头看，今后将向提高发射功率和能量转换效率，提高其抗反辐射导弹的能力，减小体积和重量，实现毫米波波段发射，使能量更集中等方向发展，成为士兵、精确制导武器及各种电子设备的杀手和顽敌！

次声波武器为什么对人有巨大的杀伤

1968 年 4 月，法国马赛附近有一个 20 人的家庭在吃饭时突然全部死亡。与此同时，远在 16 千米处田间劳动的另一家 10 口人也当场毙命。是谁酿造了这家破人亡的惨剧？原因是法国次声武器研究所的人员一时疏忽，扩散出了次声波。

什么叫次声武器？

次声武器是一种通过定向辐射大功率次声波对人进行杀伤的定向能武器，也叫"次声波武器"。

"次声"，源自拉丁文，即人耳听不到的声波。人的耳朵所能听到的声音，每秒振动频率在 30～20000 次的范围内。20000 次/秒以上叫"超声波"，每秒振动频率在30次之下的声波称为"次声波"。次声波在空气中以每小时1200千米的速度传播，而且不易被吸收，因而可以穿透建筑物、掩蔽所、坦克和舰艇，实验表明，它可以穿透15米厚的混凝土。

次声波为什么会对人造成伤害致死呢？

这是因为次声波能引起人的大脑和内脏器官与它共振的原故。在物理学上，一振动系统受交变策动力作用，回应达到最大振幅的状态，称为"共振"。当策动力的频率与系统的固有振动频率相同时，即为共振状态。科学试验表明，人体的各器官和部位均有较低的固有频率。人的躯体是 7～13 赫兹，内脏为 4～6 赫兹，头部为 8～12 赫兹，这些固有频率刚好在次声波的 1～30 赫兹的频带内，因此一旦大功率次声波作用于人体时，本来按自己规律蠕动的内脏器官和部位就会在次声波的策动下和它产生谐振，从而使身体的各个部位产生强烈的振动而导致人体器官组织遭到破坏，以致人死亡。由苏联做的试验可知，8赫兹的次声波威力最大，因为它接近地球的共振频率，也接近人脑的频率，所以它能绕地球表面远距离传播，影响人的大脑使之昏迷或癫狂或神经错乱。

据历史记载，1906年，一支沙俄军队在通过彼得堡附近的丰坦卡河大桥时，由于指挥官下令齐步走，结果整齐的步伐和桥产生了强烈的共振，导致了"大桥断裂人落河中"的悲惨事故。连坚固的大桥都毁于共振，何况血肉之躯的人呢？这便是次声波杀人的奥秘。

由于次声武器穿透力强、速度快、作用距离远、没有声音，故隐蔽性好，便于突然袭击，使它在西方国家和苏联得到了竞相研制试验的厚爱。目前研究的次声武器基本上分两类：一类是"神经型"次声武器，它的振动频率同人类大脑的阿尔法节律（8～12赫兹）极为近似，用以使人神经错乱，癫狂不止；另一类是"人体内脏器官型"次声武器，共振动频率是4～18赫兹，使人的五脏六腑发生强共振导致死亡。按其实现方法又分为"炸弹型"次声武器和"频率差拍型"次声武器。前者是利用爆炸来产生所需的高强次声波；后者是用两个不同的声频，其差频为几赫兹，这样人体同时感受不同频率就像感受次声波一样。这种次声装置的作用距离为数百米，它由两个电声转换器、一部2～8千瓦的交流发电机和一个控制台组成，全套设备可装在一辆卡车上，它能产生定向辐射的次声波。

次声武器的研制难点较多，特别是体积太大。这是因为要形成定向辐射的次声波，必须具备尺寸可与辐射波长相比的天线系统，其面积约104～105平方米，而且还需要相当大的耗电量，体积很难缩小。但随着科学技术的不断发展，次声武器的拦路虎也会逐渐被征服，次声武器在软杀伤武器家族中将会成为一支劲旅。

为什么把遥感技术称为"科学的千里眼"

神通广大的孙悟空有一双火眼金睛，不但能穿云透雾一视千里，还能分辨真伪揭穿妖怪的诡计。这脍炙人口的神话，寄托了人们美好的愿望和理想。随着科学技术的发展，20世纪60年代诞生了遥感技术，它不仅能遥看几千里，而且还能透过地表看到埋在地下的矿藏和古遗址，被人们称为"科学的千里眼"。

什么是遥感技术呢？

遥感技术就是利用设备和物质的波谱特性，在远离被测目标处，测定目标的位置和性质的技术。它的主要任务是对各种物质的波谱特性进行测试研究；遥感仪器的研制与遥感数据的处理，包括对各个波段所形成的图像进行判读、识别和利用等。遥感仪器设备可装载在地面站、车船、高空气球和飞机上面，还可装在航天器上。遥感技术已广泛用于地质勘探、农林业调查、环境监测、城市规划，以及气象和海洋研究等方面；在军事上，更是捷足先登，在军事侦察、弹道导弹预警、军事气象探测和各种环境监测上，早已大显身手。其名声显赫者，当属军事遥感卫星。

遥感的种类很多，最早的是可见光遥感，早期的气象卫星用的是电视摄像机，因为接收的仅是反射和散射的太阳光，所以只能白天工作，在漫漫长夜中就一筹莫展。为什么"响尾蛇"导弹能在伸手不见五指的夜间，抓住来回流窜的敌机？原来是因为敌机有辐射红外线，于是人们制成了能在夜晚工作的红外遥感设备。

红外遥感是利用物体反射或发射红外特性的差异，借助红外传感器进行探测，以确定物体的性质、状态和变化规律的技术。按波长可分为近红外（0.76～3 微米）、中红外（3～6 微米）、远红外（6～15 微米）和超远红外（15～1000 微米）四种波段的红外遥感。现在主要应用近红外与中、远红外波段。波长 0.76～1.3 微米部分，可使乳胶感光，通常用于摄影成像，称为"反射红外"；中、远红外又称"热红外"，通过扫描成像，多波段红外探测可增强对目标的识别能力，常用于军事侦察等领域。在万籁俱寂的深夜，用红外遥感探测和拍摄的山川、水库和原野照片，由于它们的温度和反射特性不同，所以遥感形象的深浅不一样，就可将它们区分开来。

红外遥感虽能在黑夜大展宏图，但面对云雾天气却无能为力了。由于云雾有反射可见光和吸收红外辐射的特点，所以，云下辐射的电磁波就会被云挡住，这样除了接收到云的资料外，其他就一无所获，于是科学家们又发明了微波遥感。微波是比可见光和红外辐射的波长都长的电磁波，具有很强

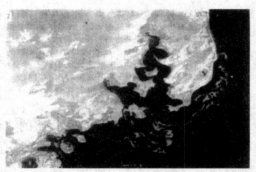
1991 年 2 月 26 日陆地卫星报摄的海湾原油流泄情况

的穿云透雾能力，微波遥感技术是利用电子学原理，获取物体反射或散射的微波图像信息或数据，判释物体性质和状态的技术。按微波传感器的工作方式分为主动式和被动式两种。主动式如侧视雷达、微波全息雷达等，能接收传感器发出的被物体反射回来的微波；被动式如微波辐射计，能接收物体自身发射的微波。微波遥感具有全天候工作能力，对云层、冰雪、松散覆盖层及植被的穿透能力较强，当波长大于 3 厘米时受大气层干扰较小，图像清晰。以侧视雷达"效果尤佳"，能对大面积地表进行探测，在军事侦察、军事测绘上有重要作用。

为了提高遥感的精度，在发明了多波段复合遥感设备后，又研制成

功了多波段扫描遥感技术，它在飞
快的转动中进行扫描，同时把信息
贮存在电脑和发回地面接收站，并
能立即绘成图表。如航测我国领土
一遍，需拍 100 万张照片，费时
10 年；而采用遥感卫星测绘，仅
需 500 张照片，几天就可获得清晰
准确的全国地图，可见其效率超过
传统方法成千上万倍。

陆地卫星拍摄的新疆罗布泊影像图

　　用遥感监视和追查环境污染的罪魁，就像囊中取物一样准确迅速；
1991 年的海湾战争中，各国部队用遥感卫星担任预警，伊拉克的"飞毛
腿"导弹刚一发射，美军的"爱国者"导弹就立即起飞拦击……

　　经过 50 多年的发展，遥感技术由于高科技的不断注入，已更加成
熟，并在国民经济和国防建设的各个领域发挥了巨大作用，成了现代的
科学千里眼。

为什么说遥感技术是遥感
卫星的关键和核心

"欲穷千里目，更上一层楼。"这是唐代诗人王之涣的一句名言，如今，人类已把自己的眼睛——侦察卫星，送上了几万千米远的地球轨道上，可谓欲穿万里目了，人类靠它考察地球资源，监视海洋动向，搜集军事情报。它是靠什么本领把地球上的一切尽收眼底的？靠的是遥感技术。

什么是遥感呢？从广义上讲，远距离、不接触目标，利用目标发射的或反射的某种能量，如电磁波、声波、引力波、地震波等把它转换成人的容易识别和分析的图像信号，从而弄清目标的性质和特点，这个过程就叫"遥感"；不接触目标，通过远距离探测而达到感知的设备就叫"遥感器"。

遥感器是怎样分类的？如果按侦察的结果可分为成像遥感器和非成像遥感器；如按它是否向外部发射能量照射目标，就可分为主动遥感器和被动遥感器；如按它探测物理量的不同来分类，就可分为声学遥感器、光电遥感器，卫星都采用光电遥感器，它又分为可见光遥感器，红外遥感器和微波遥感器三种。

光电遥感器是靠什么探测目标呢？它们是靠探测物体反射或发射的各种电磁波来分辨物体的性质和属性的。电磁波（含光）是自然界存在的一种物质，它是物质内部电子运动而产生的。任何高于绝对零度（－273℃）的物质，其内部的电子都在运动，因此都发射电磁波，物体温度越低发射电磁波的能量越弱，波长越长；物体温度高，发射的能量多波长也短。物体的化学成分和物理构造不同，反射电磁波的本领也不一样。物体反射和辐射不同电磁波的本领，就叫目标的特征信息，它是识别有用目标的重要依据。花儿为什么红？就是它在吸收其他波长的电磁波时只反射红色光的缘故。收集和研究物体反射及辐射电磁波随时间、地点、季节变化以及电磁波在大气中传播的规律，就可从中找到被测目标的特征信息，这也是遥感技术的一项重要内容。

什么是遥感技术？遥感技术是在航空摄影测量的基础上，在20世纪60年代发展起来的一门综合性的应用科学。它与空间技术、电子计算机技术、微电子技术及红外技术有着非常密切的关系。它是利用设备和物质的波谱特性，在远处测定目标的位置和性质的技术。其研究的主要内容有：研制各种遥感器；研究目标和背景在外部能量作用下的特征，以及目标反射和辐射的能量在大气中传输的规律；研究遥感数据的传输处理，分析和利用的理论和方法。

从遥感技术的定义和工作内容可知，遥感器就是遥感卫星的眼睛，掌握了目标和背景的反射及辐射能量的特征，了解了它们在大气中传输的规律，再用其理论和方法分析处理遥感数据，最后就能对目标的性质和位置了如指掌，所以说遥感技术是遥感卫星的关键和核心。

红外遥感器为什么能看穿黑夜

夜晚，黑暗笼罩着大地，江河失去了自己的轮廓，山林变得阴森森的，万物都进入了梦乡，只有人造地球卫星还在静悄悄地绕地球轨道执行着侦察任务。它为什么不受夜幕的限制？因为它们有能看穿黑夜的眼睛——红外遥感器。

什么是红外遥感器呢？就是利用不同的物体日日夜夜都发射不同波长和强度的红外辐射的特点，把人眼看不见的红外辐射转换成人眼看得见的图像或数据，从而提取有用信息的设备。由于它探测的是物体的自身辐射，其辐射总量和光谱分布取决于它自身的温度和物质结构，而物体红外辐射的空间分布、波长分布和随时间的变化，取决于物体的性质、形状和所处的环境条件，因此探测物体红外辐射就可以确定它的结构、性质和形状等。如一架飞机已从机场起飞了，但我们红外照相机拍的照片上仍可找到它原来停留的地点。它的影子为什么还在呢？因为飞机停留在那里的时候，太阳晒不到的阴影处温度低，飞机飞走后，温度又不能马上升高，这样就能把影子显示出来了。

红外遥感器一般由光学系统、红外探测器和信号处理系统组成。光学系统用于会聚红外辐射，分光和调制光信号；红外探测器将光学系统收集的红外辐射变为电信号；信号处理系统对电信号进行处理，提供记录和显示。

红外遥感器分为成像和不成像两大类。成像红外遥感器又可细分为红外直接成像和红外扫描成像两种：红外直接成像是把目标反射的红外辐射直接转变成可见光图像；红外扫描成像须选择适当的红外敏感材料，可以选择敏感波长3～5微米的中红外和波长8～14微米的远红外辐射，因这些红外辐射又称"热辐射"，所以把红外扫描成像称为"热成像"，它实际上是物体精细温度分布图的再现。

成像红外遥感器主要有红外夜视仪、红外照相机和红外扫描仪等。红外夜视仪工作的情况和人读书的情况差不多，看书时得一页一页地由左至右一行行的看；红外扫描仪则通过扫描镜的旋转把地物分成一条条的带形地区；红外探测器依次接收来自一条扫描带内的一个个小分辨单元的红外辐射，随着飞行的向前运动，就可把一大片地区侦察清楚。如红外行扫描仪，它就是利用光学机械扫描技术对目标的红外辐射逐行扫描，显示并形成红外图像的设备，它在军事侦察方面有独特的使用价值。其优点是：光谱敏感范围宽（可达8～14微米），能昼夜工作，且具有一定的透过雾霾和薄云的能力，分辨率高，可与可见光照相水平媲美。最早的行扫描仪出现在20世纪60年代中期，如美国的U2机载红外相机，后来它改进成多波段

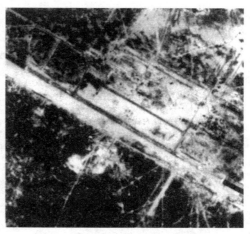

法国斯波特资源卫星拍摄的苏联拜科努尔航天飞机着陆跑道，分辨率为10米

美国在越战中用飞机拍摄的越军兵营，分辨率约为0.6米，军车可数。侦察卫星照片更胜一筹

的行扫描仪。所有的红外扫描仪，根据其使用场合又可分为红外扫描相机、电视显示的红外前视系统及热像仪三大类。红外扫描相机能得到地物的热像图；红外前视系统是一种安装在飞机或坦克前面的热成像系统，为乘员提供实时的导航和目标情况；热像仪是步兵使用的瞄准具或观察仪。

不成像的红外遥感器有红外辐射计、红外地物波谱仪等，最早的"响尾蛇"空空导弹和反弹道导弹及预警卫星的红外探测系统，都采用了这种不成像的红外遥感器的原理。

红外遥感器的最大优点，就是可以在夜间透过薄云探测地物，军事上主要用于侦察和气象监测。其发展趋势是采用电荷耦合器件和先进的数字处理技术，以提高探测的分辨率和实现遥感的数字化、智能化，使它变得更加小巧玲珑，本领过人，在未来的战场上大显身手。

微波遥感器为什么能穿云透雾

　　海湾战争期间，侦察卫星为战争的胜利立下了赫赫战功，其中"长曲棍球"卫星表现尤为突出。虽然照相侦察卫星每小时都能提供一批图像，但由于云层太低，大大降低了轨道照相侦察卫星的效能，迫使美国只能用"长曲棍球"侦察卫星评价空袭效果。因为它能在高空透过云层拍摄图像，其地面分辨率可达 0.61～3.05 米。为什么它具有这种本领呢？因为该卫星上边装有微波遥感器。

　　什么是微波遥感器？能探测物体微波辐射和散射，从而发现和识别目标的技术设备叫微波遥感器。微波遥感器是20世纪60年代初发展起来的，其优点是可昼夜工作，受云、雨、雾的影响小；能穿透植被且有一定穿透干燥地表的能力，微波图像有明显的立体感。其缺点是对频率和相对稳定性的要求较严格、图像的空间分辨率较光学遥感低。

　　微波遥感器按其微波传感器的工作方式，可分为主动式和被动式两种。主动式是接收传感器发出的被物体反射回来的微波，如雷达高度计、侧视雷达和合成孔径雷达等。它们以微波形式发射出能量，由于目标和周围物体的介电常数和表面粗糙度的不同，因而散射回来的微波能量也不同。遥感器根据接收到的回波差异，就能区分出目标来。被动式是接收物体自身发射的微波，如微波辐射计，一般用它们测量大气温度、大气成分，用于天气预报等。

　　最早使用的微波遥感器是微波辐射计，使用最广泛的是多波段扫描成像微波辐射计。性能较好的是合成孔径侧视雷达，它可以摄取目标的高分辨率图像,其图像分辨率与探测距离无关,在军事上有重要价值。

为什么微波遥感器能穿云透雾呢?因为微波是波长在0.001～30厘米的电磁波,微波受对流层和同温层大气的影响较小。地面上大气对微波的衰减也小。微波的巨大优点在于有用的频率很宽广,例如S波段(波长约10厘米)和K波段(波长1厘米)之间的频率差大致是现今无线电广播、通信和电视频率范围总合的100倍。微波的另一优点是把高方向性和微波波长的分辨率联系起来,窄的微波波束实际上易于用合适尺寸的天线来产生。与波长很长的波相比较,微波在辐射方向性方面的优越性十分明显。由于发射波长较长的波束需要非常大的天线结构,而且分辨率是用反射物体对不

军事遥感卫星及其应用

1991 年 2 月 15 日,卫星拍摄的科威特油田的熊熊大火

同的波的反射能力来量度,因此微波的分辨率比长波要好。微波与红外辐射相比,红外频率通常是单色的,相位不相干,并且不容易进行频率调制、放大和电控;在给定频率上的功率集中和大气中的传播距离两方面,红外辐射也不如微波优越。由于微波比可见光和红外辐射的穿透能力强,可用于常年被云雾笼罩的地

区进行全天候昼夜侦察。主动式遥感器可对其发射微波波束的角度进行控制，如采用大入射角，就会产生阴影效果，再根据阴影，区别和判断目标。

"长曲棍球"卫星的遥感器，采用了合成孔径雷达，它是利用"若干个"天线元组成一个"长天线"，实际上这个长天线并不存在，而是在运动中对每一个目标位置发射一束电磁波，然后接收目标反射的回波加以储存，最后把每次接收到的回波信号按相位和辐度进行迭加，这个合成的回波信号就相当于目标反射的一根长天线发射出来的电磁波。回波信号合成的结果，使得一根长度不大的天线起到了长天线的作用，所以这种雷达称为"合成孔径雷达"。20世纪50年代末，美国研制成第一批机载高分辨率合成孔径雷达。1973年美国首先把合成孔径雷达装在海洋卫星上进行了发射；1981年美国在"哥伦比亚"号航天飞机上进行了 SIR－A 雷达的试验；1984 年10 月美国在"挑战者"号航天飞机飞行中试验了"SRI－B"雷达。

目前美国、日本、德国、加拿大、欧洲航天局和俄罗斯等都在大力发展这种微波遥感器，有了它就可以透过云雾和冰雪把敌方的情况尽收眼底，为战争的胜利争得时间和信息。

雷达

为什么多光谱遥感能识别伪装

伪装是作战保障的一个重要组成部分，也是对抗军事侦察和武器攻击系统的一种有效手段。随着侦察技术的发展，形成了多层次、多手段、全方位的侦察和监视系统，使得许多伪装手段不攻自破，如侦察卫星使用的多光谱遥感器就能识别真假目标。

什么是多光谱遥感器？就是把电磁波划分成几个窄的谱段，用几个成像装置，各接收一个窄谱带摄像，于是便得到同一地区的几个谱段的一套照片，经过对该套照片进行技术处理后，就可识别伪装，找出所要的目标，这就叫多光谱遥感。怎样把全色光分割成许多窄的谱段进行摄像呢？于是便诞生了多光谱遥感器，最常见的是多光谱照相机、多光谱电视机和多光谱扫描仪。

多光谱照相机可同时用几个波段对地物进行照相，国外 60 年代初，开始把它用于航空遥感。其优点是空间分辨率高，几何畸变小；缺点是结构复杂，重量重。由于胶片有限工作寿命较短，多光谱照相机按结构分为多镜头型、多相机型和光束分离型三种。1977 年 9 月 29 日前苏联发射的"礼炮 - 6"号空间站和"联盟 - 22"飞船，就采用的是 MKφ - 6 之分镜头的多光谱照相机，它可以从 260 千米的高空，对近 18000 平方千米的地区进行拍摄，地面分辨率可达 10～20 米。

多光谱电视机是一种可同时在几个波段拍摄地物的电视摄像系统，优点是结构简单、重量轻、信息既可由磁带记录也可实时传回地面站，缺点是分辨率和灵敏度较低、覆盖面积小、可靠性和稳定性较差。美国的地球资源卫星就采用过分别拍摄蓝、绿、红三种颜色的三台反束光导电摄像机。

多光谱扫描仪，是一种利用对多个光谱段敏感元件，同时对地物扫描成像的遥感器，它是从机载行扫描仪发展来的。最初的扫描仪使用单一的红外波段，后来为了利用地物的波谱差异识别地物，而研制成多光谱扫描仪，其优点是工作波段宽、各波段的数据易配准，覆盖范围大，能实时传送信息；缺点是可靠性较差，图像有失真。它是气象卫星和地球资源卫星上的主要设备。美国的"陆地卫星－3"就采用了有五组敏感元件的多光谱扫描仪，可得五种谱段的图像。

为什么多光谱遥感技术能识别伪装呢？关键就在于通过对比，它能分清物体本身的红外特性。如果用人眼观察用树枝和野草伪装的坦克，可能难辨真伪，但如果用多光谱遥感器，它就难以逃脱被揭穿的下场。这是由于人眼看不见能反映目标重要特性的红外辐射，虽然绿色植物反射太阳的红外辐射的本领很强，但砍下来做伪装用的绿色植物反射红外辐射的本领就很差，伪装用的绿漆反射红外的能力就更差了。用几个成像装置拍摄同一地区的几个谱段的一套照片，把红外、红色、绿色谱段的底片，用三架分别装有红、绿、蓝色滤光片的幻灯放映机重迭投射到同一屏幕上，则屏幕上出现一张与真实彩色不一样的彩色图像，称为"假彩色合成"图像，伪装用的植物呈现灰蓝色，金属物体为黑色。这样利用树丛、杂草伪装的坦克就被明显地区分出来了。

随着科学技术的不断发展，如今的多光谱遥感器，在几千千米的高空上，对地面的分辨率达到了 0.3 米左右，并在近代的高技术战争中发挥了较好的作用。

为什么说红外技术拓展了人类的视野

1800 年，在一个特意布置的暗室里，窗户上仅留的一个小矩形孔给房间带来了一束阳光，天王星的发现者，英国著名的天文学家威廉·赫谢尔正利用这束阳光在研究光的热效应。阳光通过棱镜后射在桌子上变成了一条由红、橙、黄、绿、青、蓝、紫组成的彩带。他从放在彩带上的温度计的移动看出，从"蓝"向"红"端移动时，温度在逐渐升高，而且在可见的红光之外发现了一个热效应最强的光谱区，于是就把这一光谱区称为"红外光"或"红外线"。

一百多年来，人们对红外线进行了深入的研究，科学家们发现，红外线就是红外辐射。它是自然界普遍存在的一种能量交换形式，任何物体只要其温度高于热力学中的"绝对零度"（－273℃）时，都在不断地向外放射红外辐射能量。红外线本身也是一种电磁波，红外波段正是位于可见光和微波之间，其频谱一般划分是：可见光，从紫光到红光之间，波长范围为 0.36～0.76 微米；红外光，就是从 0.76～1000 微米之间。红外辐射波段本身的划分方法并没有统一的标准。传统的划分是分别以 0.76～3 微米、3～40 微米、40～1000 微米作为近、中、远红外波段。在军事领域的探测技术中，由于红外辐射必须经过大气传输到红外接收器件上，因此它是按照三个大气窗口，即 0.76～3 微米的近红外波段，3～5 微米的中红外波段及 8～13 微米的远红外波段三个光谱区来分的。

红外辐射具有电磁辐射的各种共同属性，例如：具有直线传播、折射、反射、偏振等规律，传播速度与光速相同（每秒 30 万千米）。红外辐射同可见光、无线电波的差别仅仅是波长不同，即 0.76 微米以内为可见光；1 毫米以外是无线电波；而它们之间正是红外波段。

从光子理论上讲，红外辐射与可见光、微波、无线电波等的区别，就在于光子的能量大小不同。红外辐射的光子能量要比可见光的能量小，例如 100 微米红外辐射的光子，其能量仅为可见光子能量的 1/200，而微波和无线电波的光子能量就比红外光的光子能量更小了。这些理论的发展，成为红外理论的基础。

红外辐射的发现和其特性的基本物理定律理论的发展，为科学地运用红外辐射这一神奇光能的红外技术的发展开拓了广阔的前景。

从科学技术的发展角度看，红外技术主要是指红外辐射的探测技术，利用物体能辐射红外热效应这一基本物质客观特性，采取相应的探测技术手段能动地把物体辐射出来的红外光接收过来，加以科学利用，这就要依靠红外探测器。历史表明红外技术的发展就是依靠红外探测器技术的发展为先导的。它是专门研究红外辐射的产生、传输、转化和测量方法的技术。它涉及有关红外的机理、工艺、材料，特别是红外应用的诸多领域。

红外技术与微光技术相比，虽然是百岁多的老前辈，但前半生发展缓慢，只是在 20 世纪的后半叶才焕发青春，于是出现了红外探测器、红外遥感器、红外成像器、红外雷达等。人们借助它们可以发现远处物体的方向位置和形态；红外夜视仪又使人能在伸手不见五指的黑夜像白天一样对远、近处的任何物体一目了然。所以说红外技术是火眼金睛，它拓展了人眼的视力。把红外技术用在军事上，就出现了红外观察瞄准设备、红外制导武器、红外侦察卫星、红外火控系统、红外通信系统、红外对抗系统等，它们给武器安上了夜眼和千里眼，也扩展了武器的功能。

今天，红外技术已在高技术群体的发展带动下，飞速前进，在国防和经济建设上谱写了一曲曲光彩夺目的时代凯歌。

为什么说红外夜视技术打开了黑夜的大门

　　寂静的夜晚，昏暗无光，给人们带来了很多不便。多少年来，人们一直向往着能长上一双"夜眼"在黑暗中进行工作。现在这种美好的愿望终于实现了，不过，它不是长在人体上的夜眼，而是一种能帮助人眼在黑暗中看清的仪器——夜视仪，并由此而诞生了一门新技术——夜视技术。

　　夜视技术包括红外和微光两大技术。从1974年开始，一些国家已逐步把研究重点由微光夜视仪转向红外热像仪。这种红外热象仪使用范围非常广泛，导致了高级军事热成像系统的大量生产和装备发展。美、苏、英、法等国军队的夜视装备已先后进入由主动式过渡到被动式的改装阶段，被动式热像仪已为各国公认为当前夜视技术发展的最高水平。

　　什么是热成像夜视仪？

　　热成像技术是20世纪70年代发展起来的高新技术。热像仪是一种二维平面成像的红外系统，它是利用目标与周围环境之间由于温度或发射率的差异，所产生的热对比度进行成像，如飞机、坦克与周围环境温度相差较大，因此具有良好的热对比度，即使隐藏在树丛和伪装网后边，也能被探测。

　　热像仪是由热成像光学系统、红外探测器及信号处理与图像显示系统组成的，其工作原理是首先由红外光学系统会聚被测目标的红外辐射，经过光学间的滤波，将景物的辐射热图聚焦到红外探测元件的焦面上，同时利用光学成像空间的对应关系，确定角位置，再利用光和扫描实现

英国马可尼公司生产的HHI-8手持式热成像仪

大视场成像。由于红外探测器的尺寸很小，所以系统的瞬时视场也很小，为了对径向几十度、纬向几十度的物面成像，需借助于扫描器以瞬时视场为单位，由探测器连续地分解图像的方法，移动光学系统，使在探测器焦平面内成像。然后由探测器把红外辐射能量密度分布图变为电信号，该信号的大小可以反映出红外辐射能量的强弱。该电信号再由信号处理系统将其放大和适当处理后，通过电视显像系统将反映目标红外辐射分布的电信号在电视荧光屏上显示出来。这样就把探测器输出的电信号变成了反映目标热像的图像，实现了从电到光的转换。

虽然人的视觉对红外光不敏感，但热像仪可把红外热图像转变成人眼能感觉的可见光图像，人借助它，就可看穿黑暗。有了夜视红外成像仪，就打开了黑夜的大门，拥有者就取得了夜战的主动权，所以各国都在发展红外夜成像技术，并在军事上得到了广泛的应用。如：供轻武器和火炮等夜间瞄准的红外瞄准装置，其重量 1～2 千克，最重的也不超过 10 千克，英德研制的 MK－3 热像仪已能探测到 16 千米外的舰船；主要供坦克和各种车辆驾驶员使用的红外驾驶仪，在夜间可观察前进道路和地物；近几年美国又研制了供直升机使用的红外夜视仪，可看清数百米以外的场景和地物；红外望远镜，可用于夜间军事行动，可观察 400 米以外的人，600 米以外的车，750 米以外的坦克，4 千米以外的舰船；红外指示器和红外警告仪，主要用于发现敌方红外辐射源和重要警戒部门，它能探测到 5～10 千米外的强红外源，既可作为监视区的动态仪器又可作为声响或信号输出报警之用。

当前红外夜视仪的发展主要依赖于热成像的通用组件改进和生产工艺的提高。通用组件热成像系统探测器将逐步采用碲镉汞光子探测器，尺寸更小、重量更轻、能耗更小、成本更低，完全可实现多功能、多目标等多光谱特性，使武器系统产生质的变化，使作战能力大大提高。军事专家们预言，热成像仪将是20世纪90年代以后战场上最主要的夜视设备。以它为代表的红外夜视技术把黑夜变成了白昼，给夜战带来了"光明"，还能在小雨、小雪和烟雾条件下实施观察，比"火眼金睛"更胜一筹。当前它成了各国军事夜视技术的发展重点，未来，它将在战场上立马横刀，成为征服夜暗的能手。

为什么说红外探测器是红外技术的核心

被称为"火眼金睛"的红外技术，是靠什么把人眼看不见的红外辐射接收过来，再转变为能让人感知的电信号呢？就是靠红外探测器。

红外探测器的主要组成部分是对红外辐射产生敏感效应的元件，也称"响应元"，另外还有响应元的支架、透红外的窗口及密封外壳，有时还包括致冷部件、光学部件和电子部件等。红外探测器是红外系统的核心，广泛应用于红外搜索、跟踪、侦察、制导、夜视和通信等系统中。现有的红外探测器主要是利用红外效应和光电效应敏感红外辐射，其输出量大都为电量。按所发生的效应，红外探测器分为两大类，即热敏型探测器和光子型探测器。

热敏型探测器，以响应元吸收红外辐射后温度升高所引起的体积膨胀、电量变化、温差电动势或自发电极化改变等来度量入射辐射强弱，即利用辐射的热效应，根据物质的物理性质与温度的依赖关系，测试温度的变化引起的电信号的变化。

光子探测器，是利用辐射的光子效应，是基于半导体材料的内光电效应。在入射辐射作用下，半导体的电子能态发生变化，但不向界面外发射电子，仅引起一些光子效应。红外光子探测器常用的光子效应主要是光电导、光生伏特和光磁电这三个基本效应，其中光电导效应应用最广。所有光子探测器对入射光子的波长有一定的选择性，仅仅对波长足够短的光子有响应。这种内光电器件一般工作在 3～5 微米和 8～14 微米波段。

与光子探测器相比，热探测器具有宽的光谱响应特性，能在室温下工作，但它的响应度和灵敏度远不如光探测器。然而光探测器响应的光谱波段窄，需要致冷，价格昂贵，且不易制作大面积器件，因此在许多只要求中等灵敏度和中等响应度的场合，热探测器仍大有用武之地。

菲利普公司生产的热成像探测阵

世界上的第一个红外探测器是德国在第二次世界大战中研制的硫化铅单元探测器。单元探测器已广泛应用于红外测温、报警、气体分析、光谱研究、激光测量及卫星仪器等诸多方面，多元的列阵探测器及CCD混成焦平面器件则用于热成像技术。

从科学技术发展角度看，红外技术的每一步发展，均与探测器技术的进步息息相关。

用SPRITE红外探测器研制的VA9090坦克热像仪

探测器质量的好坏，从根本上决定着红外系统的优劣。每一种新性能探测器的诞生，都会带来红外技术的变革，就拿红外热成像技术来说吧，最早的前视红外热成像系统，是20世纪50年代伴随着快速灵敏光子探测器的发展而面世的，当时使用的是单元探测器。60年代中期至70年代初期，探测器元数增到几十至几百元，导致70年代中实用热成像系统，特别是一代通用组件热像仪的大步发展。至70年代末期，探测器技术的研制水平已达几千元，发展了二维小型面阵列，为二代焦平面阵列热像仪的发展奠定了基础。80年代英国研制了可以延时积分和自扫描的 SPRITE 探测器，它具有很高的分辨率、灵敏度和对比度，再加上结构紧凑、体积小，所以随之出现了一批高性能的热像仪征战在坦克、导弹发射车、舰船和飞机上的火控、侦察目标捕获和跟踪系统的岗位上。目前，含有数万，

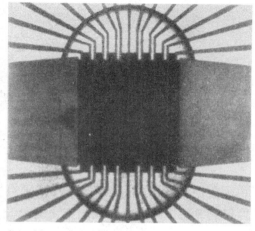

菲利普·尤斯法公司生产的SPRITE红外探测器

乃至几十万元探测器的焦平面正在研制中，预计到下个世纪就可研制出含有几百万元探测元的大型焦平面阵列，为实现真正的"凝视"热像仪带来了希望。

再如红外制导系统的提高和变革，从最早的"响尾蛇"红外制导的空空导弹，到如今在海湾战争中大显身手的红外成像制导的改进型"小牛"空地导弹，也是由单元到多元、由简单到复杂地跟随红外探测器的发展而变革的。所以说，红外探测器是红外技术的核心和心藏。

随着时间的推移，人们将获得性能越来越好、功能越来越全、应用越来越广的各式红外探测器阵列，用其装备各种高级红外系统必将推动军事红外高技术的飞速发展。

为什么红外技术在侦察领域能大展才干

在一个漆黑的夜里，驻守在某国边境附近的士兵透过手中的红外热像仪窥视到几英里外的敌坦克正悄悄驶来。他迅速瞄准，将坦克对在瞄准具十字线中央锁定目标，然后推动触发器，将反坦克导弹发射出去。瞬间，火光冲天，敌坦克遭到了灭顶之灾。

为什么战士能在黑沉沉的夜里，察觉几英里外的坦克？因为夜像仪扩展了他的视力，是红外侦察设备帮了大忙。所谓红外侦察设备，就是指利用红外辐射原理和计算机、光学、机电技术等研制的用于探测敌方各种信息的仪器设备，如红外瞄准装置、红外望远镜、红外摄像机、红外电视、红外夜视仪、热像仪等。

红外侦察有许多优点，它能昼夜连续工作，能提供实时信息，有远距离探测和渗透能力，可识别伪装，能把捕捉目标与攻击目标通过火控系统结合起来大大提高作战效能。

目前，红外侦察分为地面（海上）侦察和空中侦察。地面侦察主要是对人员、车辆和其他目标侦察，提供目标图像，可识别伪装设施，对布雷的探测也很有效。美国研制的一种用于对纵深地域的监视系统，称"远程战场监视传感器系统"，包括音响、震动、磁性及被动红外传感器，放置在公路、桥梁和重要地段，可提供昼夜 24 小时全天候早期报警和目标捕获信息。美国还研制出一种"假彩色增强系统"的红外侦察设备，能识别树丛的真假，即使人、车隐藏在真假丛林里都能被发现。还有一种与可见光电视原理相同的"红外电视"，只是选用的是红外摄像管，能

探测辐射热，热成像仪使依靠自然人为主的保护完全失效

把目标的热辐射转变为电信号，实时地显示在荧光屏上。目前已获得300线的红外电视图像，其温度分辨力为 0.1℃，这就是红外前视系统。在战场上，敌人施放烟幕把敌人的坦克和车辆及人遮挡住了，用它就可把温度很高的坦克、车辆区分出来，还能透过雪层把躲在雪下边的敌人分辨出来。

空中侦察是利用红外侦察仪器作为机载设备，实施空中监视，可以迅速地侦察到敌方的军事部署，特别是利用夜间侦察所获得的真实图像，是任何可见光侦察和雷达侦察设备所不能比拟的。目前机载红外侦察照相，无论白天、夜间都可拍摄大面积的战地目标，甚至可记录下转移中的运动目标。目前还在大量使用无人驾驶飞行器进行空中侦察，既安全可靠又能迅速实时地把前线各种目标信息传输回指挥部。1982 年以叙贝卡谷地大空战中，以空军就大量使用了装备前视红外系统的"无人侦察飞行哨兵"。美军十分重视无人机红外侦察技术的研究,仅空军自 1977 年以来,就已装备了近 60 种无人侦察机。1991 年的海湾战争中,美国的"先锋"和"响导"等无人驾驶飞机,都发挥了较好的作用。

空间侦察,主要是利用侦察卫星装上红外遥感设备进行空间侦察,这些卫星既可用于对地面军事侦察,又可用于战略预警。如 80 年代几次大的局部战争中,美、苏等国的侦察卫星都发挥了提供战地实时情报的作用。1991 年的海湾战争中美军使用空间侦察更为广泛,并起到了重要的作用,用硫化铅多元阵到 2.7 微米的窄带红外探测器,从空间 3.58 万千米的轨道上,可对地面战略导弹试验、发射情况进行预警侦察。1984 年 6 月 10 日,美国在夸贾林岛上空的非核动能拦截试验中,拦截弹的长波红外探测器,在外空可探测到 1600 千米外的人体温度,可见红外侦察手段的高超程度。

海湾战争中,从卫星、飞机和无人机的雷达、胶片和红外成像侦察系统所获取的大量数据未能实现综合处理和广泛的实时图像传送,导致情报传送的及时性不够。为此,美国积极着手发展"先进战术空中侦察系统"(ATARS),它将使情报图像传送到地面指挥部所用的时间从 150 分钟减少到 15 分钟。高灵敏度的无胶片 CDD 摄像机和高速数据处理系统,将大大提高二次图像分发技术,使红外侦察技术提高到一个新水平。

为什么说红外技术是武器
火控系统的力量倍增器

1991年2月24日，是海湾战争"百时地面战"的第一天，美第101空降师派出300多架武装直升机，很快就推进到了离巴格达不到240千米的位置，"阿帕奇"（AH-64A）反坦克直升机从五千米以外用"海尔法"式反坦克导弹追击溃退的伊"共和国卫队"，导弹落处浓烟四起，在通往巴格达的道路上，留下了无数残缺不全的爬窝坦克……

为什么AH-64A攻击直升机有如此巨大的威力？除了"海尔法"反坦克导弹的功劳之外，更有其火控系统杰出的贡献。AH-64A的火控系统是由马丁·马丽埃塔公司研制的"目标捕获与激光照射瞄准具"（AAO-11）和驾驶员红外夜视探测器（TAOS/PNVS）及平显仪、头盔显示系统、目标获取与跟踪系统等组成的。目标捕获与激光照射瞄准具主要用于目标搜索、探测及激光照射，它由副驾驶员或射击员操作。其中TADS瞄准系统能在几秒钟内发现、识别、精确定位目标，并供火控射击系统使用，一旦截获了目标，就可跟踪或自动发射机炮、火箭及"海尔法"导弹。所以AH-64A在战场上威风凛凛，并在这次海湾战争中初战就一鸣惊人地大出风头。

红外技术在武器火控系统中的作用，主要是用红外搜索跟踪系统进行目标搜索和跟踪。什么是红外搜索跟踪系统？它是对给定区域内的目标进行搜索、捕获和跟踪的装置。工作过程是：对目标搜索，发现目标后即转入捕获，继而跟踪目标，输出目标的方位信息。该系统一般包括

美 AH－64 "阿帕奇" 直升机，其驾驶员戴有红外夜视探测器头盔显示系统

光机扫描装置、红外探测器、调制器、信息编码装置、信息处理机构和伺服机构，广泛用于导弹制导系统、机载火控系统，其优点是在雷达受到干扰时，它可以提供目标的方位信息。目前，红外搜索跟踪系统，多半与雷达、激光测距仪等联合使用，形成红外—雷达—激光火控系统一体化。主要用于陆军火炮和防空攻击系统、飞机火控系统和舰艇搜索跟踪系统，特别是近些年发展的热成像系统，更加提高了武器火控系统的性能。

当前，全世界约有 15 万辆现役坦克，其中 1/3 都装有自动火控系统。以德国的 "豹II" 和美国的 "M_1A_1" 坦克的火控系统最为先进、最为复杂、最为完善，都装有红外热成像系统。德国和美国计划于 90 年代初，全部改装上新型的火控系统。

美国研制的装备在F-16、A-10等型飞机上的 "夜视红外低空导航与瞄准系统"（LANTIRN），是集红外、激光、雷达、工程光学和数据处理等多种技术于一体的具有代表性的战斗机火控综合系统，使单人作战飞机提高了昼夜及恶劣条件下的作战能力。已于20世纪80年代末交付部队使用。

英国研制的 IR18K2 型热像仪能在不停地旋转扫瞄的同时，对被攻击的目标进行实时观察，并可为火控系统输出红外指示信号。瑞典陆军研制的IRS-700型红外监视系统可在10千米范围内记录来袭飞机，并可为火炮和导弹提供攻击信息。

飞行员的夜视眼镜

其他一些国家，也在积极研制火控系统中的红外跟踪搜索系统。

随着科学技术的不断发展，红外焦平面阵列技术将广泛用在红外成像和热成像系统中。届时，由红外—雷达—激光三位一体的综合火控系统将不怕电子战的袭击，更不怕黑夜和雨雾雪霜及烟尘和伪装的干扰，成为战场上夺取胜利的蛟龙。所以说，红外技术是武器火控系统的力量倍增器。

为什么红外对抗技术备受
各军事强国的关注

1991年的海湾战争中,多国部队一方,使用了七大类30多种型号的激光、红外制导导弹。由战场评估报告可知,发现目标就意味着命中目标,而命中目标就意味着摧毁目标,因此现代战场上的生存能力,取决于不被敌人发现的概率。

怎样才能不被发现?这就需要乔装打扮,掩饰自己的本来面貌,或者被发现后施展计策金蝉脱壳而逃之夭夭,于是激光和红外等对抗技术便应运而生,并得到了长足的发展。

红外对抗主要分为红外侦察干扰和反侦察反干扰两类。红外干扰主要采用有源欺骗干扰,如红外诱饵弹和红外干扰机等。

红外诱饵弹是利用有某种辐射特性和足够能量的红外源来"欺骗"红外寻的导弹的一种假目标。美国海军舰载技术飞机已于60年代装备此弹种,也称"曳光弹"。它可从地面、车辆、舰船或飞机上发射,在空中形成一个与真目标具有相同或相近红外辐射波长的辐射源,可诱骗红外制导系统去跟踪攻击这个假目标,从而达到保护真目标的目的。由于导弹导引头锁定的是等效辐射中心,红外诱饵弹的相对辐射强度大于目标,因而等效辐射中心靠近诱饵弹。随着诱饵弹与目标脱离速度增大,目标离现场中心越来越远,直至最终逃逸出导引头视场之外,摆脱导弹袭击。英国普莱西宇航公司制造的一种红外曳光弹,能在40米上空分布成有一定梯度的诱饵云,能对付3～5微米红外点源制导导弹和8～14微米红外成像导弹。目前，装备各国部队的红外诱饵弹已有70多种。

红外干扰机是一种可发出红外干扰辐射，使采用红外末制导的来袭导弹失控的光电有源干扰装置，可装在多种武器平台上，美国于70年代投入使用。工作时，红外光源辐射出类似于武器平台发动机及其排气的峰值辐射波长范围的高强度辐射，经调制后，由发射天线产生干扰误差信号，进而使导弹偏离跟踪航迹而脱靶。干扰机又分为相干光干扰机和非相干光干扰机，如闪光灯干扰机。英国马可尼防务公司制造的新型的舰载抛射式干扰机"海妖"，已开始在海军使用。有的干扰机用铯灯发射干扰脉冲，与干扰雷达和干扰箔条配合使用，由机载红外干扰仓吊挂，诱使红外导弹迷盲而保护飞机自身安全。

反红外干扰技术，它是红外反对抗的一种消极措施，其原理是通过各种办法，改变目标的热辐射特征或改变目标与背景的热对比度，给红外侦察设备造成错觉，从而达到保存自己的目的。反红外干扰技术包括

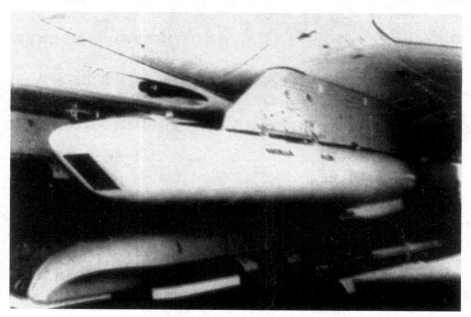

法国的 Ruby 前视红外吊舱

反红外涂料技术、抗红外烟幕技术、热红外抑制技术、多光谱技术、红外多波段技术、导弹的复合制导技术等。其中热红外抑制技术是指在结构设计上采取措施减少飞机和坦克发动机等的热红外辐射，如减少发热部件，增加消热散热的设计，或在发动机燃料中加入改变排气红外辐射频带的物质等。多光谱、多波段和复合制导技术都属于抗红外干扰时可改变自己的工作波段和制导方式，如红外/毫米波双色导引头制导体制，当受到红外干扰时，马上转为毫米波制导。

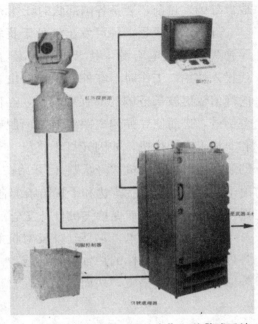

法国 SAT 公司的"旺皮尔"红外警戒系统

当前，光电（含红外）对抗已发展到了与电子对抗相当的水平。各国在发展武器的光电系统的同时，十分重视光电对抗的相应技术发展，以增强光电武器系统的战斗效能，所以各军事强国对红外对抗技术的发展非常关注。

为什么说红外技术是战场
上叱咤风云的骄子

自1800年英国天文学家赫谢尔发现红外线后的一百多年中，由于发展缓慢，红外技术一直默默无闻，直到第二次世界大战时期，德国研制出了步枪红外瞄准具，它才崭露头角。1956年美国研制成功了世界上第一台AN/AAS-3型机载前视红外系统和世界上第一枚红外制导的"响尾蛇"空空导弹，并在20世纪60年代的越南战场及中东战场上大量使用，取得良好战果，才使红外技术如火如荼地发展起来。所以说是战争使这个沉睡百余年的老资格的技术领域焕发了青春活力，并随战争的需要不断更新和改造自己，从而成了军事王国足智多谋的勇将。

红外技术在军事上有哪些应用呢？

在战略上，用于对洲际弹道导弹的探测、识别、跟踪，用于高能束拦截武器的瞄准、拦截导弹的制导及对洲际弹道导弹的摧毁状况做出评价等。原美国星球大战计划采用卫星载高级长波红外传感器、机载红外光学辅助系统和陆基红外监视系统等对洲际导弹探测识别和跟踪。安装机载红外光学辅助系统的飞机飞行高度约 23300 米，当探测距离为 160 千米时，该系统可监视 25.9 万平方千米的地域。一个先进的卫星载红外热成像传感器系统，可对全球二分之一的地域进行实时监视，因此对来袭的洲际弹道导弹完全可以提前发现，并将其摧毁在国土之外。

在战术上，红外技术可用在侦察、观瞄、预警、火控、跟踪、对抗、通信、制导等方面。

在飞机和直升机上配备的前视红外热成像系统、红外报警系统等能完成低空导航、侦察、瞄准搜索、跟踪和威胁报警等任务。在电子对抗中如雷达无法工作，它可独立完成作战任务。

在地面武器装备中，步兵有观瞄热像仪，装甲车辆有驾驶和观瞄用热像仪。导弹有观瞄热像仪及红外报警仪等。美陆军最近装备的远距离红外监视系统（LRIRSS），能探测 15 千米以外的车辆目标，能对敌纵深地区进行远距离 24 小时侦察和战术监视，探测敌部队结集和车辆运输等情况。

美F-15战斗机带4枚"麻雀"AIM-7M（内）和4枚"响尾蛇AIM-9M（红外制导导弹）"

在舰船上，由于现代海战的特点是多层次立体性进攻，所以红外热成像搜索跟踪装置对舰用雷达和电视系统能起到重要的补充作用，如英 12 的 V3800 型热像仪，工作波段为 8～12 微米，最小可分辨温差为 0.16℃，空间分辨率为 0.113 毫拉德（mrad），主要用于对远距离飞机和导弹的探测、跟踪。

在战术导弹中，红外制导系统，由于具有尺寸小、分辨率高、隐蔽性好、不易受干扰等主要优点，目前美国陆海空三军装备的战术导弹中，至少有 60％的数量采用红外导引头。据报导，1990 年以前 11 年间的历次局部战争中，红外制导导弹击落的飞机占导弹和火炮击落飞机总数的 95％。1991 年的海湾战争中，美国 A-10 攻击机发射的红外成像制导的"小牛"导弹、AH-64A 直升机发射的红外成像制导的"海尔法"空对地反坦克导弹及红外制导的"霍特"、"陶"式反坦克导弹，就摧毁了大

英可用在坦克车上的火控系统上应用的"多用途热成像仪"

量的伊军坦克和地面工事。

在空间，利用卫星等航天器，装载红外仪器，可测量和遥感地球、星体的环境红外特性，进行军事侦察、通信、导航及军事气象预报等。

可以说，陆海空三军及未来的天军，都离不开红外技术的参与。红外技术已渗透到军事王国的所有领域，是它使兵器征服了黑夜，驱除了雨雾烟尘的干扰，缩短了空间的距离，提高了武器的射击精度，赢得了一场场战争的胜利。所以说红外技术在战场上是叱咤风云的时代骄子。

为什么各军事强国竞相发展
红外焦平面阵列技术

在海湾战争中，战功显赫的红外制导"小牛"空对地导弹（AGM-65D/F）具有良好的精确制导能力，有效地摧毁了伊军坦克，保证了多国部队地面进攻的胜利。在拦截"飞毛腿"及其改型导弹中，为"爱国者"导弹提供信息的国防支援计划（DSP）卫星，就是利用其红外望远镜获得"飞毛腿"导弹尾焰的红外图像数据。因此海湾战争使红外技术身价百倍，并掀起了各国继续发展红外技术的热潮。

红外探测器，是红外系统的基础，也是红外技术发展的先导，因此探测器的发展一直受到特别的重视，并受到军事技术和战争需求的引导及驱使。二十世纪七八十年代，红外探测器的研制工作集中在红外成像技术及其器件上。

红外成像技术的发展经历了单元探测器红外成像系统、多元线到探测器红外成像系统和焦平面阵列探测器的凝视系统三个阶段。早期的热像仪，如瑞典的AGA700及20世纪80年代初的AGA-782系列等就属于单元探测器红外成像系统。本文开头提到的"小牛"导弹采用了两维光机扫描的4行4列的长红外碲镉汞探测器，DSP卫星采用的是2000元近红外硫化铅探测器，它们都属于多元线到探测器红外成像系统。这类红外成像系统虽然已经采用了多元探测器，但探测的元数少于热图像元数，因此还必须采用光机扫描，从而导致体积、重量和可靠性都不理想，于是焦平面阵列探测器红外成像系统便应运而生。

什么是红外焦平面阵列探测器？通常指由许多微小的、彼此相连的红外探测器构成的阵列，它与某些信号处理器一起构成焦平面装置，放置在红外探测系统光电接收器的焦平面（成像面）上。其主要优点是：①能够把探测器有效地、高密度地封装在焦平面上；②在焦平面上进行信号处理，能构成凝视的时延和积分阵列，获得系统设计的灵活性和简化系统结构；③随着探测器密度的增加，系统探测点源的灵敏度和系统的空间分辨率得以大大提高；④在大规模阵列情况下能取消系统的光机扫描装置，从而提高系统的可靠性和减轻系统的重量。

当前，焦平面阵列探测器由红外多元探测器和信号处理芯片组合而成，其结合形式有混合式、单片式和 Z 平面式等多种结构。混合式由红外探测器和处理芯片分别制备，然后组合而成。单片式是在同一材料上制备光敏元件和信号处理元件，像元数多，均匀性好。Z 平面用叠层方法将信号处理芯片在 Z 向组装起来，扩大器件的信号处理功能，可以进一步提高灵敏度和缩小整机体积。

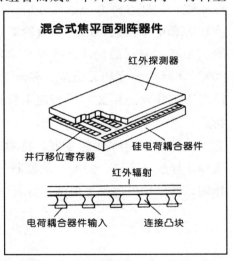

美二代成像导引头的关键器件——混合式丝平面阵列

红外焦平面探测器在20世纪80年代取得了很大进展，如美国休斯公司正在研制用在第二代坦克热瞄具上的 480×4 元长波碲镉汞阵列，日本三菱公司用在红外摄像机上的 512×512 元硅化铂焦平面阵列，英国防卫研究所把用在前视红外系统上的 100×100 元铁电焦平面阵列用在"旋火"反坦克导弹的导引头上，美国洛克韦尔公司拟将 256×256 元中波碲镉汞凝视焦平面阵列用在 AGM-130动力滑翔炸弹的导引头上……

在更长的时期内，美国大约有140多种武器系统需要各种性能的红

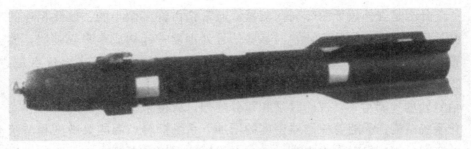

美国采用第二代热成像导引头的"海尔法"导弹

外焦平面阵列探测器。1993年的"美国国防关键技术"计划中提出三军需要的焦平面阵列是：高性能扫描阵列、高性能凝视阵列、非致冷的凝视阵列。扫描阵列适用于舰载红外搜索与跟踪系统、机载红外搜索与跟踪系统、前视红外系统以及导航系统。凝视阵列适用于导弹导引头、导弹预警和空中监视系统。非致冷凝视阵列将广泛用于武器瞄准具、导弹导引头和驾驶观瞄仪。这些焦平面阵列应具备可生产性（即成品率超过40%）、高均匀度和灵敏度、多波段、成本降到现在的1/100，能在正常温度下工作，适用灵巧弹药使用和具有与高清晰度电视同样的分辨率等特点。

红外焦平面阵列的发展，将对战略和技术预警、目标探测、监视、跟踪、导航、观瞄、侦察、武器制导等军用技术的发展起着举足轻重的作用，所以世界各军事强国，将其作为竞相争夺的高技术宝地。

声呐为什么能发现潜艇

  1968年4月11日，美国海军的"声呐监听系统"发现一艘苏联潜艇在夏威夷西北的太平洋底失事。以后6年中，美国中央情报局花费了三亿五千万美元的巨款，完成了间谍史上最奇特的行动——从太平洋底打捞起这艘装有核火箭的苏潜艇，从而获取了非常有价值的军事情报。

  什么是声呐？它为什么能发现深藏在大海里的潜艇？声呐是声音导航和定位几个英文字的缩写组合成的名词，指人们研制的，利用声波在水中的特性，通过电声转换和信号处理进行水下目标探测和通信的系统，属于声学遥感范畴。

  声波与电磁波是两种极不相同的能量。声波是以纵波形式传播，在空气中的传播速度是 340 米/秒，在水中传播的速度是空气中的许多倍；电磁波是以横波形式传播，在空气中的速度是 30 万千米/秒，在水中则很快衰减下来。声波在水中传播的速度与水的温度、压力和含盐量有关，而且随着深度、海区和季节的变化而变化：在 0℃的海水里，声音的传播速度是 5000 米/小时；在 30℃的海水里，每小时的传播速度可达 5600 千米/小时；在含盐量越大，水越深的地方，声音的传播速度就越快。对于接近水表面的声源来说有三种不同的传输途径：一是沿表面水层声道传播；二是由海底反射传播；三是由深海声道的聚声带传播。

  人们根据声波在空气中和水中传播的不同特性，研制了能感受声音信号并把声信号转换成电信号的换能器，进而又创造了主动和被动声呐。主动声呐能发射声波，遇到目标时，产生反射信号，处理后可像雷达荧光屏那样显示出目标方位、频率和大小，有的还能根据反射信号大小确定目标远近，其优点是即使被探测的潜艇停机也能给它定位；被动声呐自身并不向外发射能量，只接收目标发出的噪声（潜艇航行时的击水声和机械传动及振动的声音）。

按声呐安放的位置又可分为舰载、机载和固定式三种，其中舰载声呐又可分为潜艇声呐和水面舰艇声呐。为了更精确地探测潜艇，水面舰船上还装有变深声呐，它可在不同水深进行探测。机载声呐还分为吊放式和空投式。吊放式，即由直升机携带，用电缆将其投入水中；空投式是飞机向海里空投声呐浮标。浮标系有几颗深度一定的炸弹，由飞机控制其按顺序爆炸，其爆炸声波传到潜艇，经反射传给A、B、C三个被动声呐浮标，根据声波到达三个浮标的时间差，可画出三个椭圆，三个椭圆的高点就是潜艇的位置。为了探测数百千米外的潜艇，国外研制了大量安装在海峡和岛屿附近的固定式声呐。

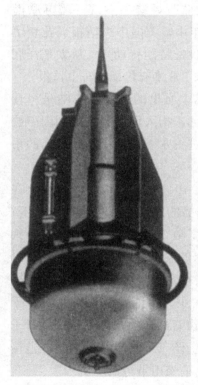

英国VDZ集团公司生产可用于舰艇和飞机识别和扫描时，可对1千米以内目标进行辨认

近年来，高精度的"猎雷声呐"系统又成了猎雷舰的耳目，这种声呐主要用于探测和识别水雷，并确定水雷的准确位置，如英国的193M型猎雷声呐和法国的DDBM21型猎雷声呐。目前猎雷声呐的指标已达到的搜索距离为100～800米；识别距离在10～60米水深范围内为100～250米，分辨能力达到能区别0.2平方米的小目标。

随着科学技术的进步，声呐将会变得更加灵敏更加可靠同，在未来的海战中大显身手。

为什么把隐身技术称为
军事新技术革命的宠儿

1897年，英国作家威尔斯发表了科幻小说"隐身人"，描写了一位发明家应用光学、医学和药物学原理研制出来一种隐身术，能使别人看不见自己，而自己却能对周围的情况一目了然。这部作品曾风靡全世界，并启迪了有心人把科幻变现实的向往和追求。事隔92年之后的1989年12月30日凌晨，一架身如飞燕的巨型飞机经过几千千米的奔波，竟逃过了数国雷达的警戒和搜索，猝不及防地轰炸了巴拿马机场，这便是美国的F117A隐身飞机。于是，世界哗然，原来美国的隐身技术已进入实战使用阶段，威尔斯的"隐身人"变成了虎虎生风的"隐身飞机"，接着便掀起了世界性的研制隐身武器的热潮。如今隐身轰炸机B-2已在美国列装，美还研制了具有隐身性能的"F-25"战斗机、先进战术轰炸机ATF、先进的巡航导弹。苏联的"米格-29""米格-31""苏-27"等机型机"基洛夫"号巡洋舰等都采用了隐身技术。瑞典的"斯迈吉"隐身船也于1993年完成了试验鉴定。除此之外，还有隐身坦克、隐身导弹等也在研制发

美国空军YF-23"先进战术战斗机"（ATF）具有较好的隐身性能

瑞典"斯万吉"号隐身试验船

展中，隐身技术变成了军事新技术革命的宠儿。预计今后十年内将有大量的隐身兵器装备部队，隐身技术将获得更为广泛的应用。

什么是隐身技术？

隐身技术也称"低可探测技术"，它是一门综合性交叉学科，综合了气动力学、材料学、电子学和光学等许多技术，通过各种手段降低目标特征信息，使先进探测系统难以发现，是现代战争的关键技术之一。隐身技术可分为雷达隐身、红外隐身、声隐身和可见光隐身等。

实现隐身的主要技术途径是：

1. 精心设计兵器和机体外形，以减少雷达反射面积。包括兵器和飞机及导弹等的外形设计，应使其对雷达波的散射强度最弱；改善总体布局，使机体部件尽量避免突起、凹陷，避免产生角反射器效应；取消外挂舱，武器等应尽量放在机体内，使其雷达散射截面积小于 1米^2。

2. 采用雷达吸波材料和透波材料，以吸收和消耗电磁能。目前广泛应用的吸波材料是各种铁氧材料，如锂－镉铁氧钵、锂－锌铁氧体等，它们可使入射的雷达波明显衰减而获得隐身效果。

3. 改进武器动力系统，使其合理布局，以减弱红外辐射。采用散发热量最小的高函道比涡轮风扇发动机、巧妙设计发动机喷管的形状和方向、冷却喷管排出的气体、使用特殊燃料、涂敷红外掩饰涂料、采用红外干扰措施等，都能达到红外隐身的目的。

4. 采用主动和被动干扰技术以削弱雷达发现能力。在武器和飞行器表面附加阻抗负载，增设电子干扰机和欺骗设备、尽量减少无线电设备。如 F－117A 隐身机上的以计算机为核心的地面任务规划系统（MPS）是一种与它配套的重要电子战设备。地面操作员将有关的地形、任务目标和可能的威胁等数据输入 MPS，它就可计算出各种雷达在任何目标相对方位下探测出 F－117A 的包线，由此产生的飞行计划使飞机在雷达覆盖区之间的间隙中飞行。在防空很严密的区域，MPS 可为飞机选择一条暴露时间最短、生存力最高的最优航路，而且可通过控制飞机方位和信号特征避免被敌方雷达跟踪。在海湾战争中，F－117A 执行任务时就得益于 MPS 的帮助，很好地完成了突袭任务。

隐身技术的发展趋势：①进一步扩展隐身波段，由厘米波向毫米波段、亚毫米波、红外、激光和米波段扩展；②进一步提高雷达散射截面积测量精度；③降低隐身飞行器的成本，提高经济效益。

美国在隐身技术方面处于世界领先地位，美国防部将隐身技术列为1990～2000年优先发展的17项技术的第2位。在1990年优先发展的22项关键技术中，有3项属于反隐身技术。可见隐身技术在军事领域的地位与作用。所以人们称它为军事新技术革命的宠儿。

反隐身技术为什么在防空
预警系统中大受欢迎

　　在"沙漠盾牌"行动之初，美国在海湾地区的"F－117A"隐身飞机在训练飞行中，多次被沙特的"猎鹰"地空导弹搜索雷达及E－3预警机所发现，以致于美空军不得不把"F－117A"重新部署到沙特国内距伊较远的基地，以防止被伊拉克雷达发现。这一事实说明"隐身"并不意味着完全看不见，只是相对于一定条件下可探测性的减弱，而当前提条件变化时，"隐身"效果就不一定好。可见，防御一方只要加强对策研究，采用多种综合手段去探测和发现隐身飞机就会有所作为，由此，又使我们看出任何一种新技术都不是绝对先进的。它的出现与应用总会带来与之对应的反技术措施的诞生，特别是在空袭和防空这样一对矛盾运动的领域，你使用了隐身技术，我就会有反隐身技术的高招。美国的F－117A使苏联的国土防空面临严重威胁时，苏联就加紧研制了无载波雷达和谐波雷达等新体制雷达；反之，美国为了对付苏联的隐身飞机，也加紧研制了

英国的"MESAR"相控阵雷达，抗干扰能力强，适于探测反射面积极小的导弹

"FPS‐118"超视距雷达，在1988年的首次试验中就成功地探测到了隐身目标。

实现反隐身技术有哪些途径呢？

1. 提高或降低雷达的工作波长。

目前的隐身技术一般是用来对付厘米波雷达的，因此将雷达波段向两端扩展到米波段、毫米波段以及红外和激光波段，都具有一定的反隐身能力。现已装备的毫米波雷达有美国的"40～100GHz"警戒雷达、原苏联的"35GHzSAM‐10"大鸟跟踪雷达及英国的"100GHz预言者"雷达等。

2. 采用双基地/多基地雷达系统。

这种雷达系统的发射机和接收机分置在相距很远的地方，接收机能接收到偏离隐身目标的雷达回波，因此能探测到隐身飞行器。正在研究的不同的多站雷达结构方案，作为发射站可使用预警机、飞艇、系留气球、卫星等空中平台从上照射，亦可使隐身目标的有效反射截面积随着照射面积增加而增值，从而提高雷达回波强度，增强发现隐身目标的能力。

3. 提高雷达的脉冲发射能量。

采用脉冲压缩技术和相控阵技术可提高雷达的脉冲发射能量，从而增加探测目标距离，发现雷达散射截面积较小的目标。

4. 采用新体制雷达。

目前国外正在研制的"无载波"雷达，其雷达脉冲是非正弦波雷达脉冲，吸波介质和磁性材料都不能对它进行有效地吸收，因此它是具有最大潜在能力的反隐身雷达。此外还有后向散射超视距雷达(OTH‐B)。据悉美国海军已成功地研制出运输型超视距雷达(ROTHR)，它能发现60°扇形区925～2700千米内的目标。双频雷达、谐波雷达等新型雷达都具有较好的反隐身能力。

5. 提高雷达的抗干扰能力。

来袭的隐身目标往往采用多种干扰措施逃避对方雷达的探测，因此

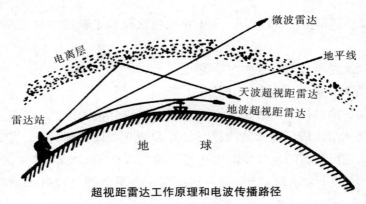

超视距雷达工作原理和电波传播路径

防空雷达必须提高抗干扰能力。

　　反隐身技术的发展趋势，一是综合运用各种反隐身措施建立空地一体化反隐身系统，使各种不同类型、不同程式、不同频段的雷达合理配置，以增强整体的探测能力。同时还要联合使用红外、光电、声学和激光等多种探测技术建立多位一体互用的数据网络，最后通过高速大容量的计算机信息处理系统来

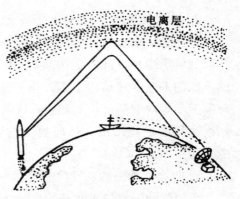

后向散射超视距雷达

分析、判断，就可提高对隐身目标的探测率。二是发展自适应阵列处理技术和新型信号处理机构，进一步提高现有探测系统的能力。三是继续发展新体制雷达。四是建立多层次的雷达防空网，用多个雷达站同时接收雷达回波以有效地对付隐身目标。届时 F－117A 等隐身飞机就再也不能像入无人之境似的悄悄进入对方领地进行轰炸，它突袭巴拿马和伊拉克的雄风将荡然无存。随着反隐身技术日益广泛应用于防空预警系统中，使隐身飞行器难以逃脱雷达的监视，从而保卫国防免受攻击，过去由于隐身技术使反空袭作战猝不及防的局面将有所改变。这正是反隐身技术在防空预警系统大受欢迎的原因所在。

为什么说精确制导技术是高技术
群体密集结合的综合技术

　　1986年9月，伦敦国际战略研究所所长罗伯特·奥尼尔在来华时谈到："值得重视的技术中最重要的是制导技术。"

美"爱国者"导弹发射架

　　什么是制导技术？我们知道，汽车驾驶员是通过方向盘引导和控制汽车驶向目的地的。战士发射导弹摧毁远处的目标，无法与弹同行，这就使得人必须通过一定的手段和方式去引导、控制导弹按着一定的弹道飞行，直至击毁目标，于是就出现了制导技术。要想非常准确地摧毁目标，就得提高导引和控制方式的有效性，这就出现了精确制导技术。

　　实现导引和控制的全部装置称作制导系统，它是由导引系统和控制系统组成的。导引系统主要由测量装置和计算机组成，其功能是测量导弹与目标的相对位置和速度，计算导弹实际飞行弹道与理论弹道的偏差，产生清除偏差的制导指令。控制系统由敏感装置、综合装置、放大变换装置和执行机构组成，其功能是根据引导指令和导弹的姿态信号形成综合控制信号，经放大、变换，由执行机构驱动导弹舵面偏转或调整发动机推力方向使导弹按制导指令的要求运动，并消除外界干扰对导弹运动的影响，使导弹以允许的误差命中目标。根据工作原理的不同，制导方式可分为自主制导、遥控制导、寻的制导和复合制导四大类；按控制指令手段的不同，可分为有线制导

采用多模导引头的"爱国者"导弹在发射中

和无线制导两大类；按探测控制信息形式不同，又分为被动式和主动式两种。

　　精确制导武器的技术关键在于高精度制导系统、高速信号处理和反馈控制装置、高侵彻力战斗部及与它联用的 C^3I 系统。

　　（1）高精度制导系统：包括高精度目标探测器和敏感器件。探测器用来对目标进行捕获、识别和定位，如红外成像寻的器和凝视焦平面阵列探测器、微波和毫米波雷达、激光器和激光探测器等；敏感器用于制导、导航平台稳定，它包括加速度计、重力计、惯性陀螺和激光陀螺仪及原子钟等。

　　（2）高速信号处理和反馈控制装置：主要用于高速度时处理大量信息，确定导弹飞行方向，并伺服控制机构，把导弹引向目标。它们采用众多的计算机、集成电路、模拟/数字（A/D）和数字/模拟（D/A）信

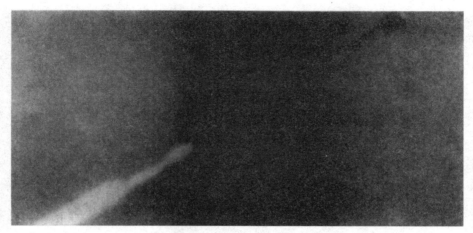

PAC－2型"爱国者"导弹拦截飞毛腿导弹成功

息变换器、信号处理专用软件等高技术器件。

（3）高侵彻力战斗部：主要采用高爆炸药和高动能弹头。

（4）与精确制导武器相联的 C^3I 系统：精确制导武器的高效应，有赖于侦察通信和指挥、控制等多个环节，特别是一些超远程精确制导武器，必须有充分的侦察信息才能把它投放到目标区，因此必须发展远距离、全天候、高精度的目标探测系统，如合成孔径雷达、精确定位系统（GPS）等。1991 年的海湾战争中美国的"斯拉姆"导弹就是在 GPS 和 C^3I 的帮助下，从部署在红海的"肯尼迪"号航空母舰上起飞的 A－6 飞机上发射后，飞行 116 千米，摧毁了巴格达近郊的水电站，创造了"百里穿洞"的奇绩。

从以上这些关键技术可知，精确制导武器正是在微电子技术、计算机技术、红外焦平面成像技术、航天技术、自动化技术、激光技术、遥控技术等高技术支撑下，才得以存在和发展的。这些高技术的相互关联、相互渗透才研制出了有非凡本领的精确制导武器。所以说，精解制导武器是当今高技术群体密集结合的综合技术。

为什么说精确制导武器对
军事产生了深远的影响

　　1991 年的海湾战争中，一开始美国便打出了三张王牌——卫星侦察通信、精确制导武器和电子战。首先用电子战飞机施展魔法，开动大功率战术杂波干扰系统和威力强大的超短波通信干扰机，迷盲敌方雷达和通信系统，然后精确制导武器按着侦察卫星及 C^3I 的信息纷纷出击。这种软硬兼施的密切配合，很快就使伊拉克这个拥有 100 多万军队 5000 多辆坦克和多种武器的中东地区最大的军事强国，变成了又聋又哑又瞎的武装巨人，除了用活动发射架偶尔发射几枚"飞毛腿"导弹之外，就再也没有招架之功了。

　　多国部队在空袭轰炸中，精确制导武器命中目标的成功率为85％，F-117A隐身飞机投射激光制导炸弹的命中概率为80％，"小牛"空地导弹的毁歼概率是 80％；"海尔法"反坦克导弹的命中概率大于 75％。伊拉克用钢筋混凝土等严密加固的飞机机库，594 座中有 375 座被毁。多国部队用制导炸弹攻击的 54 座桥梁，结果 40 座被摧毁，10 多座被破坏。从作战效果上看，精确制导武器，完全可以和小型核武器相提并论；从作战思想上看，它将对今后的战争形态的变革起到推波助澜的作用。曾任过美国国防部副部长的佩里认为，"精确制导武器很有可能使战争发生革命"，"比第二次世界大战爆发时启用雷达的意义还要大"。

　　精确制导武器对军事有哪些影响呢？

　　1. 精确制导武器是衡量军事实力对比的有力杠杆：在海湾战争中，

伊拉克在科威特战区部署了 4280 辆坦克，虽然在数量上超过多国部队，但结果伊方坦克 89% 被毁，多国部队只损失 20 辆。这个悬殊的损毁比，起关键作用的是双方精确制导武器和电子战实力的明显差距。有了精确制导武器，一切没有良好隐蔽的目标都会被发现，进而被击中被摧毁，这就使坦克、飞机、军舰等大型武器变得脆弱、危险。于是它们往日在军事实力天平上那举足轻重的地位，便被精确制导武器所取代。

2. 精确制导武器的发展促进了隐身、反导、光电对抗技术的发展。飞机、坦克、舰船为了提高生存能力，就得想办法不被发现或被发现后能用替身代已被毁，这就使未来的武器更加先进，战场环境和对抗手段更加复杂化。

3. 精确制导武器和电子战，卫星通信及 C^3I 的组合运用，将会产生巨大的威力和效应。在今后的战争中不一定要使用核武器，用高技术常规武器也完全可以达到预期的政治和军事目的，因此在今后的中、小规模冲突中，将更多地使用高技术常规战争。

4. 精确制导武器使"外科手术"式和"纵深打击"式的战法得以盛行，它的高精度和常规弹头，能使它准确命中目标而不殃及左邻右舍。1986年3、4月份美国两次偷袭利比亚和1989年12月入侵巴拿马，都

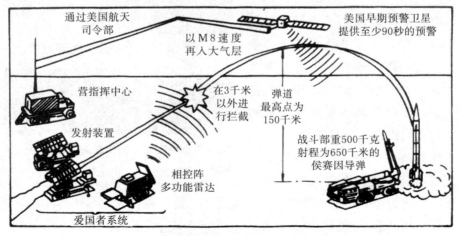

"爱国者"导弹拦截"飞毛腿"导弹示意图

是因为有了"激光制导炸弹"、"鱼叉"反舰导弹和"小牛"空地导弹等精确制导武器而达成的"外科手术"式的战争。这次海湾战争中，以美国为首的多国部队就是用"战斧"巡航导弹和车载"陆军战术导弹"从远距离对伊拉克进行了"纵深打击"。

5. 精确制导武器将成为现代战争的战场主攻手：远程精确制导武器正在大力发展分导式多弹头，这些分导的子弹头能自动搜索和打击目标；中、近程精确制导武器像雨后春笋般涌现，被动红外成像和毫米波制导的灵巧武器，将具有全天候、全方位的攻击能力。过去，一发 2000 磅的激光制导炸弹曾摧毁了伊拉克的情报部大楼；一发"飞鱼"导弹曾击沉过一艘"谢菲尔德"号驱逐舰；一发"响尾蛇"导弹曾击落一架"米格"战斗机。导弹和被击毁者的价格比只是千百分之一，这些光辉的战绩，曾使精确制导武器声威大震，也带来了今天这

"爱国者"导弹在进行拦截试验

"战斧"陆射型巡航导弹在海湾战争中大显神威

异军突起的繁荣景象，并使它成了现代乃至将来高技术战争中的主攻手。所以说精确制导武器，对军事和战争产生了深远的影响。

为什么说精确制导武器
王国兵强马壮英雄多

　　纵观20世纪80年代以来世界发生的几场局部武装冲突和1991年的海湾战争，不难看出精确制导武器已成了现代战场攻击的主将，它不仅提高了作战的效能，而且促使战争样式发生了深刻的变化。战争伊始用它进行的饱合攻击往往为全胜打下良好的基础，它已被看成衡量一个国家军事实力的有力杠杆。因此，精确制导武器王国方兴未艾，呈现了一片繁荣景象。

　　精确制导武器王国分为两大派系：一是导弹；二是精确制导弹药，也称灵巧弹药。导弹种类很多，如空空导弹、地空导弹、空地导弹、地地导弹、反雷达导弹、反坦克导弹、巡航导弹、舰对空导弹、空对舰导弹、舰对舰导弹等。精确制导弹药又分两大类：一类是由火炮发射或飞机投放的灵巧弹药；一类是末敏弹。灵巧弹药上的寻的器和控制系统，根据目标和弹药的相对位置，修正弹道命中目标，如激光制导炮弹、电视或激光制导炸弹等；末敏弹药是被炮弹、火箭或散布器带到目标上空撒布出来的子弹药，子弹药上的探测器在一个较小的范围内搜寻目标，并起引信作用，启动战斗部攻击目标，如美国的"敏感和摧毁装甲弹药"（SAOAM）。

　　世界上的第一枚制导弹药，是第二次世界大战时期纳粹德国制造和使的"FX-1400"机载无线制导的滑翔炸弹。20世纪60年代，美军装备和使用了"宝石路"激光制导炸弹、"小牛"光电制导导弹及"白星眼"反雷达导弹和红外制导的"红眼"防低空导弹等，并在越南战场大显身手。经过多年的发展，精确制导武器王国可谓兵强马壮，仅举几种类型，由此可知一斑。

1. 现代空战的杀手铜——空空导弹。

这是第二次大战后迅速发展起来的精确制导武器，与过去的空战武器相比，它射程远命中率高，毁伤威力大，攻击机

美国"先进战术"导弹系统（ATACMS）在白沙基地进行试验发射 1991 年 1 月海湾战争中开始使用

遇多，已成为战斗机的最有效武器，目前已发展了三代，并正在研制第四代。空空导弹分近、中、远程三大类：近距格斗的典型代表是"响尾蛇"AIM-9系列（0.3～18千米）；中程拦射的代表是"麻雀"（100千米）；远程拦射的代表型号是"不死鸟"（150～200 千米）。从 1982 年马岛海战算起，历次空战中，空空导弹共击落 170 多架飞机。今后空空导弹将具有全天候、全方位、全高度的"三全攻击能力"。

2. 射向"飞贼"的利剑——地空导弹。

这是第二次世界大战后发展最快，门类最多的战术导弹。目前，各国采取不同型号的导弹协同组合构成全空域防御，单发命中率一般为 60%～80%，最高的英国"星光"便携式防空导弹的单发命中概率

美国"陆军战术"导弹系统的导弹（左）及其可快速置换的 MLRS 火箭炮（右）

已达 96％。地空导弹在战争中曾多次立下过汗马功劳，如 1973 年中东战争时，埃及用苏制 SA－6 导弹，一天内曾击落 30 架以色列飞机，打破了以方的空中优势；阿富汗战争中，阿游击队曾使用美国的"尾刺"导弹，击落前苏联 200 多架飞机，是迫使苏撤军的有力武器。

3.　坦克的克星——反坦克导弹。

反坦克导弹是第二次世界大战后，随着坦克的发展而面世的主要突击武器，它是导弹中生产数量最大的精确制导武器，目前已发展到第三代。一、二代大多为有线制导，射程从几十米至几千米，单发命中概率为 80％～90％。空地反坦克导弹中，电视制导的射程为 15～20 千米，红外成像制导的射程可达 23 千米以上，单发命中概率约 85％。海湾战争中，直升机发射的 107 枚"海尔法"第三代反坦克导弹崭露头角，击毁了伊军的许多坦克和装甲车辆。

英国"星光"（流星）便携式防空导弹

英国"轻标炮"防空导弹

4.　长眼睛的炮弹。

美国的"铜斑蛇"激光制导炮弹已装备部队，其射程为 3～16 千米，精度为 0.3～0.9 米；美国的"末制导反装甲迫击炮弹"（GAMP）及英国即将装备的"灰背隼"毫米波制导反装甲迫击炮弹等，都属于制导炮弹。

5.　制导炸弹。

美国从20世纪60年代中期开始研制的"宝石路"系列制导炸弹已发展了三代，命中精度已提高到1～3.7米。1991年海湾战争中扔下的第一枚炸弹就是"宝石路"Ⅲ激光制导炸弹。

虽然诸多的精确制导武器各有所长，又有所短，但它们在过去的局部战争中都各尽所能，取得过不可磨灭的战绩，并在斗争中不断完善自己，所以说精确制导武器王国兵强马壮英雄多。

为什么说制导技术是精确制导武器的核心

　　精确制导武器的制导系统就像是人的眼睛和大脑。制导系统中的探测器和敏感器件相当于人的感觉器官；计算机、微处理器、存贮器等形成制导指令的控制系统，就相当于人的中枢神经。精确制导武器聪明与否，全在于制导系统的素质和水平。所谓制导系统的素质，就是指实现制导的技术途径，水平当然就指它的技术含量、发展档次及效能等。

　　对精确制导武器进行制导，有哪些技术途径呢？目前已大量采用和正在逐步采用的有以下九种。

　　1. 有线指令制导：有线指令制导系统主要用于射程为几千米的步兵携带和直升机机载的第一、二代反坦克导弹中，如苏联的"塞格尔"、美国的"陶"、西欧的"米兰"反坦克导弹。有线指令制导的最新发展是德、法两家公司联合研制的"独眼巨人"光纤制导导弹，它比有线制导导弹的射程提高一倍多，可达 10 千米，还可攻击眼睛看不到的小山坡和障碍物后面的目标，并有较高的精度和抗干扰能力。它有反坦克/反直升机型和对付反潜飞机的潜射型两种型号。

　　2. 微波雷达制导：通常指用分米波和厘米波雷达作为目标捕获和测定信息源。它已广泛用于各种导弹系统，其优点是作用距离远，全天候能力强，但精度不如毫米波和光电制导系统。法国的"飞鱼"导弹和美国的"哈姆"反雷达导弹及"麻雀"空空导弹等，都是由微波雷达制导系统制导的。

　　3. 电视制导：它是利用目标反射的自然可见光信息，利用电视对目标进行捕获、定位、跟踪和导引的制导方式。它可提供清晰的目标景像，便于真假目标鉴别，可信度高，制导精度高，但受气象条件影响较大，在有烟、尘、雾等情况下，降低作战效能。美国的"白星眼"制导炸弹是电视制导系统的典型，美国的"秃鹰"空对地导弹采用的是电视遥控制导。有些地对空导弹采用的是电视指令制导，并且同雷达制导相配合，以保证在夜间和低能见度条件下的作战能力。

4. 红外制导：红外制导系统分为红外非成像制导和成像制导两大类，其中红外成像制导又分为多元红外探测器线阵扫描成像制导系统（如红外成像制导的"小牛"导弹）和凝视焦面阵列成像制导系统。它不用机械扫描成像，结构紧凑，灵敏度高，可在夜间和低能见度条件下使用。

5. 激光制导：激光制导与微波制导方式相仿，只是用激光器代替了微波雷达发射机，用激光探测器代替了雷达接收机。由于激光器有很窄的光束，因而有很高的目标分辨率，可达到很高的制导精度，但它的正常工作受云、雾、霾和烟尘的影响。美国的"宝石路"激光制导炸弹和"铜斑蛇"激光制导炸弹及瑞典的 RBS - 70 便携式防空导弹，都采用了激光制导系统。

6. 毫米波制导：它是用波长1～10 毫米的毫米波雷达对导弹进行制导，避免了电视红外、激光制导系统全天候能力较差的弱点，同时具有较高的精度和抗干扰能力；缺点是制导距离近，所以目前都用在末制导上，如美国的"萨达姆"自动寻的反装甲子母弹和英国"灰背隼"反装甲制导迫击炮弹等，全是毫米波制导。

美国休斯公司早期研制的直径为 10.2 厘米的验证型 94GHz 毫米波导引头

7. 合成孔径雷达制导：是利用对雷达回波信息的积累和相干处理，形成等效的大型线阵天线，达到很高的目标探测方位分辨率，利用脉冲压缩技术得到很高的距离分辨率，是目前很有前途的制导方法，如美国的"陆军战术导弹系统"，就采用了它。

8. 地形匹配制导：就是把选定的飞行路线中段和末段轨迹下方的若干地图匹配区的地面特征图，预先存储在导弹上，将这一地面图像与导弹探测器现场实时测到的地面图像作相关对照，检查两者是否匹配，一一对应，根据地图对应的误差计算出导弹飞行误差，由此修正导弹航向，使导弹按预定路线飞向目标，美国的"战斧"巡航导弹就是采用的地形匹配制导。这种导弹在海湾战争中发挥了较大作用。

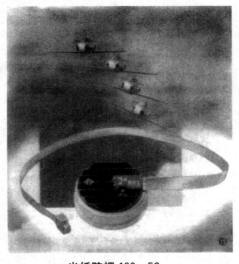

光纤陀螺 160－52

9. 精确测位攻击系统：利用若干个已知坐标位置的发射机发出的基准信号的到达时间差分析和提取制导武器的精确坐标位置信息，纠正航向偏差，导向攻击的目标，如美国的"导航星全球定位系统"（GPS）和"测距设备制导系统"。在海湾战争中使用的"斯拉姆"导弹上，就装有 GPS 接收机，因此取得了射程 116 千米其精度为 10 米的高射击精度。

以上各种制导系统，各有所长，也有所短。从目前看，红外热成像制导、毫米波制导、合成孔径雷达制导及地形匹配制导等，由于在制导精度、抗干扰能力、全天候等方面有较好的综合性能，故比较有发展前途。对远程导弹来说，精确测位攻击系统，具有更好的射击精度。

由于精确制导武器取决于发现目标、识别目标和准确地跟踪目标，才能完成其与敌同归于尽的战斗任务，而制导系统正是用它的聪明才智将武器弹头送到目标处使其爆炸，因此说，制导系统是精确制导武器的核心和关键。

为什么说合成孔径雷达制导是
雷达制导家族中的新秀

在马岛海战中，一枚价值仅为 20 万美元的空对舰导弹，轻而易举地将一艘 2 亿美元的"谢菲尔德"号导弹驱逐舰击沉入海，爆出了"飞鱼"吃"巨舰"的特大新闻。"飞鱼"导弹为什么能对舰艇紧追不舍呢？因为它生就了一双复合眼，即采用了复合制导系统，发射后，中段采取惯性制导，而末段则采用微波雷达制导。

什么是微波雷达制导？用从 1 米至 1 厘米波长的分米波和厘米波段的微波雷达作为制导武器的目标捕获、探测和定位系统，提供导弹制导信息的系统，便是雷达制导系统。其工作原理是：发射机发射出一束脉冲波，经天线聚波后发射出去，遇到目标后，有一部分被反射回来，这些回波被天线接收并送往接收机，经过放大处理，在显示器上显示出目标的有关信息。雷达的分辨率与天线的大小成正比。微波雷达制导系统已大量使用于地对空、空对地、舰对舰、舰对地、空对舰等导弹。微波雷达制导系统的特点是：作用距离较远，全天候能力强，但制导精度不如毫米波和光电制导系统。

微波雷达制导方式有驾束制导、指令制导、主动寻的制导、半主动寻的制导和被动寻的制导五种。驾束式制导导弹沿雷达波束飞行和跟踪目标。指令制导导弹系统由雷达获取目标位置数据，通过无线电遥控指令纠正导弹飞行误差，直至命中目标，如苏联的"萨姆－2"地空导弹。美国的"爱国者"地对空导弹系统是用 AN/MPQ－53 相控阵雷达的

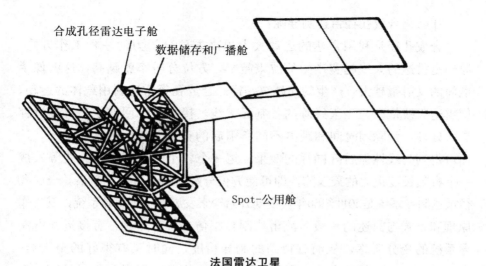

合成孔径雷达电子舱

数据储存和广播舱

Spot-公用舱

法国雷达卫星

多波束能力解决同时与多个目标作战的问题，即采用了相控阵雷达来制
导，以及初始段用程序制导、中段用雷达指令制导的复合制导体制。主
动寻的制导系统中，雷达装在导弹上，由导弹自行完成对目标的捕获、
跟踪和寻的任务，"飞鱼"导弹就是雷达主动寻的制导导弹。半主动寻的
制导系统中，由在导弹弹体外部的雷达波照射目标，导弹上装的雷达接
收机接收目标反射雷达波，作为制导和追踪目标的信息，如苏联的
"萨姆－6"和美国的"霍克"地对空导弹。被动寻的雷达制导系统，导
弹内装有雷达接收机，它直接捕获和追踪敌方雷达波为制导信息，沿该
雷达波束飞行，并命中敌雷达及其载体。这就是反辐射导弹，或称"反
雷达导弹"。在海湾战争中大显身手的超高速"哈姆"反雷达导弹就属
于被动寻的导弹。

由于微波雷达制导系统发展较早，技术比较成熟，使用比较广泛，
所以与之对抗的电子战技术也发展迅速，且具有较高水平，给这种制导
导弹以严重威胁。相控阵雷达制导虽然射程远，分辨率高，能对付多个
目标，但它的天线尺寸太大，只能用在"爱国者"那样较大型导弹上，
于是合成孔径雷达制导便呼之而出了。

什么是合成孔径雷达制导呢？

合成孔径是利用雷达的运动大大提高方位分辨力的一种工作方式，原理是雷达的天线越宽产生的波束越窄，方位分辨率就越高，这就像手电筒的反射镜越大，产生的光越窄一样。合成孔径雷达利用载体的运动，使雷达天线依次充当天线阵的各基元天线，接收目标回波信号，经过存贮、处理，消除因时间和距离不同所引起的相位差异，求其矢量和，从而可得到与线性天线阵同样的效果。把一个较小的真实孔径天线等效成一个有效长度很大的天线阵，即可使方位分辨力提高百倍至千倍。合成孔径雷达制导系统是20世纪80年代中期开始探索发展的新型制导系统，其工作原理和方式与前述的一般微波雷达制导相仿，其特点是：有接近光电制导系统的变分辨率，从而有很高的制导精度，同时又有很好的全天候、全天时、全方位的能力。它利用对雷达回波信息的积累和相干处理，形成等效的大型阵天线达到很高的目标探测的方位分辨率；利用脉冲压缩技术，得到很高的距离分辨率。目前发展的合成孔径雷达制导系统主要是指全制导，如美国的"陆军战术导弹系统"和"联合战术巡航导弹系统"。由于它比微波雷达制导和相控阵雷达制导有明显的优点，所以人们称合成孔径雷达制导是雷达制导家族中的新秀。

红外制导系统为什么在
战术导弹中独占鳌头

　　1991 年 2 月 26 日，海湾战争已进行到了"百时地面战"的第三天，"A - 10"式强击机长驱直入，有如进入无人之地；AGM - 65D 型"小牛"空地导弹，从它的机翼下呼啸而出，向着逃跑的伊军坦克冲击，它弹不虚发，只见战场上一片火海，使伊"共和国卫队"溃不成军，四处逃散……

　　"小牛"导弹为什么能在浓烟滚滚的战场上看得这样清、打的这样准？因为研制者为它选择了一种最先进的红外制导系统。

　　什么是红外制导系统？红外制导系统就是依据目标自身辐射的红外能量寻的的制导系统，分红外非成像和红外成像制导两种类型。

　　红外非成像制导是通过获取目标的红外能量实现目标捕获与跟踪的制导系统，其导引头由光学系统、调制盘、红外探测器、陀螺系统等组成。红外探测器接收目标辐射的红外能量，经光学调制和信息处理得出目标位置数据，然后形成制导指令输给控制系统，从而自动地将导弹引向目标。这种制导系统结构简单，成本低，发射后可不管，所以很受欢迎，并得到了广泛的应用，如第一、二代的地空和空空导弹很多都采用了这种制导方法。但由于它是靠目标喷气流的热辐射导引目标，属于热点式红外导引头，在矛与盾的斗争中，很快就被敌方施放的红外诱饵形成的"热点"欺骗，从而使真目标逃之夭夭。例如越南战争中，越方一开始使用苏制"萨姆 - 7"红外导弹，很快就击落了美机动师的 24 架直升机；但当美军施放红外干扰物后，它就无可奈何的去找假目标了，暴露了这种导弹受气象条件影响和干扰较大的缺点。

军事技术就是在不断对抗中发展的。20世纪70年代中期，美国便开始研制能抗干扰和能对付多个目标的红外成像制导系统，并于1982年通过了打靶试验，取得了26发中靶20发的好成绩。这就是1983年装备部队的"小牛"导弹。

装在F-18战斗机上的美国著名的AIM-9"响尾蛇"空-导弹

红外成像制导是通过获取目标红外图像实现目标捕获和跟踪的制导系统，其组成主要包括红外光学系统、红外焦平面阵列探测器、微机系统、稳定和跟踪的机电系统等。工作原理大致如下：来自目标的红外辐射由光学系统聚焦在混合红外焦平面阵列探测器上，探测器包括有红外敏感面阵和硅电荷耦合器件多路传输器，前

"先进近距空-空导弹"（ASRAAM）AIM-132

者将目标的热辐射变为电子图像，后者将电子图像的并行式信号转变为串行信号，便于输入微机进行目标识别和跟踪处理。近年来微机中多采用自适应图像处理，包括失真校正、图像信息码压缩、目标识别和图像跟踪等，从微机中输出的信号最后进入控制系统，引导导弹击中目标。因此，红外成像制导技术能区分真假目标，并能清晰地分辨出目标的各个部分，制导精度非常高；又由于它是被动式工作，不辐射信号，只接收目标的红外图像，故隐蔽性好，不易被敌人发现，第一枚导弹射出后

自动飞向目标，又可马上发射第二枚，所以是理想的精确制导技术。

与非成像制导技术相比，红外成像制导有更好的目标识别能力和制导精度，提高了全天候作战能力和抗干扰能力。如"小牛"导弹就具有记忆功能，能根据记忆信息进行识别处理，可以抑制阳光、聚光灯和照明弹的干扰，不但能在战场烟尘条件下使用，还可发现和跟踪已经停止了数小时工作的坦克和其他目标，据说在1991年的海湾战争中还摧毁过伊军隐蔽在沙底下的坦克。

正是由于红外制导系统具有这些优点，才使它在战术导弹王国得到了广泛的应用，并取得了惊人的战绩。据不完全统计，当今世界各种战术导弹大约有360多种，而采用红外制导技术的就达70多种。将来随着红外焦平面技术的不断发展，红外制导技术将步入一个新台阶，成为精确制导技术的骄子。

美国"尾刺"导弹（便携式）

中国 HN－5A 单兵肩射式防空导弹

为什么说毫米波技术是
电磁波家庭的后起之秀

　　自 1887 年赫兹发现电磁波，1901 年马克尼第一次让电波飞跃大西洋成功地进行了远距离无线电通信试验以后，无线电通信、无线电雷达、无线电导航和无线电制导等在军事上得到了广泛的发展和应用。随着科学技术的不断进步，电子对抗手段也不断更新，于是从20世纪70年代后期又兴起了一支强悍的具有抗干扰能力的队伍——毫米波雷达、毫米波通信、毫米波制导、毫米波导航等，它们像雨后春笋般得到了长足的发展，成了电磁波家族的后起之秀。

　　什么是毫米波呢？毫米波是介于微波和红外波段之间的电磁波。它兼有这两个波段的固有特性，其特点如下。

　　1. "畅通无阻"的大气窗口。

　　电磁波在大气层中传播时，波长不同，衰减的程度也不同。对于毫米波来说，主要是水蒸气和氧气的吸收使其衰减，如一部波长为 8 毫米的雷达，天气晴朗时可以发现 47 千米处的目标；当雨量为 4 毫米/小时时，就只能发现 17 千米处的目标，但它比红外、激光衰减要小的多。观察毫米波的衰减情况可发现，35 千兆赫（8 毫米）、94 千兆赫（3 毫米）、149 千兆赫（2 毫米）、220 千兆赫（1.4 毫米）时毫米波在大气中衰减量最小，因此人们称之为"大气窗口"。在这个"窗口"可用最小的输出功率，得到最大作用距离的复数频率范围。当然，在全天候使用时，必须考虑到雨、雾、云等影响下它的衰减。

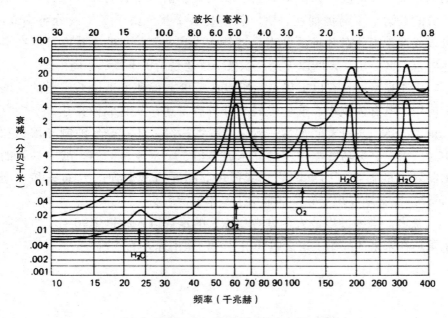

波长（毫米）

衰减（分贝/千米）

频率（千兆赫）

大气气体对毫米波的衰减和吸收情况

2. 分辨力强，测量精度高。

由于毫米波的波长短，因此采用很小的天线就可在空中形成一个很窄的无线电波瓣（宽度 0.01～1°），波瓣越窄，角分辨力越强，测距精度越高。波瓣窄就不易碰上地物和海浪，所以雷达荧光屏上只有目标的反射信号，故可精确地测量目标的位置，如用于目标识别的毫米波雷达可以在屏幕上观察到卫星和航天飞机上的结构。

3. 抗干扰能力强。

从本质上讲干扰与反干扰就是能量上的对抗，如果干扰能量比信号能量大，就无法识别有用信号。3 毫米波长的无线电设备，1％的频带宽度，绝对带宽是 1000 兆赫兹，相当是 3 厘米设备的频带宽度的 10 倍，干扰功率进入设备是分布在整个频带上，所以频带宽的干扰功率就分散，则信号不易被掩没，频带窄的厘米波段设备信号就容易掩没。另外，毫米波的波瓣窄不易被捕获，所以就不易被干扰。由于毫米波分辨率高，可以成像，因此对各种消极物（箔条、诱惑火箭等）的干扰，可以在雷达屏幕上区分出来，所以无论是积极干扰还是消极干扰都不能得逞。

由于毫米波具有以上优点，所以在军事上得到了迅速而广泛的发展和应用，既有体积小、重量轻的高分辨率雷达，又有成像雷达、空中目标识别雷达、飞机着陆雷达、战场侦察雷达等，还有毫米波制导雷达和雷达导引头、灵巧智能弹药的毫米波引信、毫米波寻的器、战略导弹的末制导寻的器等。如英国的"灰背隼"制导迫击炮弹的寻的头和美国"黄蜂"空对地反坦克导弹都采用了毫米波导引头。

总之，毫米波以诱人的魅力和惊人的步伐迈入20世纪90年代的武器王国，在未来的战场上定会旗开得胜，创造出惊人的战绩。

为什么毫米波制导在灵巧
武器王国大有用武之地

　　1982年英国航空航天动力公司在试验室里，成功地试验了"灰背隼"灵巧迫击炮弹要采用的毫米波雷达寻的器。荧光屏上出现的清晰的信息波形，告诉人们，寻的器已发现了目标。自此，为毫米波制导技术进入武器王国打开了方便之门。

　　什么是毫米波制导？利用波长为1～10毫米的雷达和毫米波辐射计作为目标捕获、定位和跟踪手段的制导系统，就是毫米波制导。毫米波的波长短，频带宽，多普勒灵敏度高，因而毫米波制导系统的目标分辨力较厘米波制导系统高一个数量级。毫米波波束窄，雷达信号空间体积小，空间抗干扰能量强，能够准确无误地发现和跟踪低空目标。毫米波精确制导系统可以不受战场上烟尘、人工烟幕以及云雾的影响，高精度地拦截和击中目标。而现有的激光、红外、电视制导等在此种场合下则相形见绌。

　　毫米波无源探测装置能够明确区分温度相同的金属目标和周围背景，而红外制导系统目前则无法做到这点。同时毫米波天线元件还具有尺寸小、重量轻的特点。目前，世界各国用于研制毫米波精确制导武器不下20余种，而且投资急剧增加，如美国的203毫米远程末制导炮弹（AIFS）、155毫米灵巧炮弹（CGSP），德国的120毫米"鸢"末制导迫击炮弹和法国的155毫米自动寻的反坦克子母弹（TACED），全采用了毫米波制导。美、英、法等八国联合研制的MLRS12管227毫米火箭炮发射的末制导炮弹，其子弹头就采用了用双红外和毫米波雷达组成的自主式寻的器。该火箭炮可使用三种弹头：一是 M77 炸弹的弹头；二是AT－2地雷的弹头；三是带末制导子导弹的弹头；每个弹头可装 6 个末制导子导弹。寻找所要攻击的目标时，子导弹的多目标识别和选择软件可使导弹不受假目标干扰，当搜索到目标后，子导弹便向其俯冲，用聚能战斗部直接攻击坦克顶部，该火箭炮曾在 1991 年的海湾战争中大显身手。

为什么制导炮弹大多选用毫米波寻的头？制导炮弹等灵巧武器，大多是由炮管发射后，飞到目标附近，才开始实施导引的末制导武器。由于毫米波雷达或辐射计的波束很窄，波瓣小，地杂波和多径效应影响不大，故能穿烟破雾地对低飞目标及运行中的坦克进行可靠的识别与跟踪，找到精确的目标位置，然后进行攻击。另外，在制导炮弹中，为了限定发射机输出功率，需提高天线增益，必须使用波长短的无线电波，炮弹可装天线的直径不得超过 10～12 厘米，这就是为什么现有炮弹中采用目

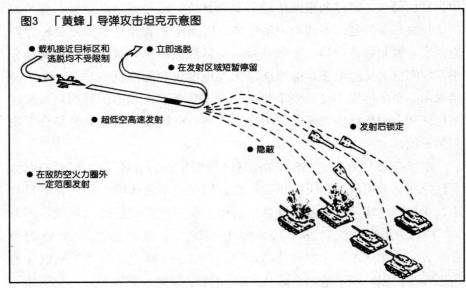

图3 「黄蜂」导弹攻击坦克示意图

● 载机接近目标区和逃脱均不受限制　● 立即逃脱

● 在发射区域短暂停留

● 超低空高速发射

● 发射后锁定

● 隐蔽

● 在敌防空火力圈外一定范围发射

美国毫米波制导的"黄蜂"导弹，攻击示意图

标探测引信和导引头的炮弹被限制在口径为155毫米和203毫米的缘故。直径12厘米以下的天线，只有使用毫米波才能得到合适的增益和波束宽度。如法国的155毫米TACED自动寻的反坦克子母弹，就是采用的红外/毫米波双模传感器。

"F－16"发射"黄蜂"攻击坦克示意图

毫米波制导，由于大气和降雨对毫米波传播的衰减作用比微波大，所以其作用距离比较近，这也是它常用在末制导武器上的原因之一。由于它能透过再入大气层弹头周围的等离子区，跟踪来袭的目标，可以给出如导弹、卫星和航天飞机等目标的结构细节，能在雷达荧光屏上直接显示目标本身的详细特征，从而可识别导弹、卫星、假弹头和箔条等，为反导系统提供准确的信息。美国在20世纪70年代末曾研制成功了"毫米波辐射测量相关器"用于战略导弹的末制导，它由毫米波辐射计、相关器（一台大容量的高速计算机）和飞行控制系统组成。工作频率为35千兆赫，能在导弹飞行的末段，根据地物测定导弹飞越地区的"地图"，并与在计算机中贮存的、预先用卫星侦察到的目标区域的地图相对比，算出导弹的飞行误差，纠正航向，并能使导弹在距目标几米之内爆炸，使命中精度大大提高。这种毫米波辐射测量仪还可用在战略巡航导弹飞行中段和末段的地形匹配系统。

随着科学技术的不断发展，半导体设计输出功率限制的制约及大气中水分和氧气吸收引起的衰减将有所突破，届时，毫米波将以新的姿态步入武器王国的其他领域，去建功立业大显神通！

为什么说激光制导技术给
"宝石路"炸弹安上了神眼

　　1989 年 12 月 20 日，零点 30 分钟的钟声刚刚响过，巴拿马首都西南方的奥哈托镇万籁俱寂，离此不远的巴拿马国防军第六、七两个步兵连的士兵们和衣枕戈，进入了梦乡。突然，黑暗的夜空中，随着两声轰鸣，闪出了两个耀眼的火球，这是 F－117A 扔下的 2 枚"宝石路"Ⅲ激光制导炸弹。它们直落而下，倾刻间气浪和烟雾随着震耳欲聋的爆炸声、吞噬了两个连的营房。这便是美国入侵巴拿马打响的第一枪。无独有偶，1991 年的海湾战争，也是在凌晨，美国利用 F－117A 扔下的 2000 磅激光制导炸弹，首发命中伊拉克的情报部大楼，拉开了战幕。为什么激光制导炸弹，如此受到美军的青睐和屡受重托？这是因为激光制导技术给它安上了一双"神"眼。

　　什么是激光制导技术呢？

　　激光制导，就是利用激光束引导炸弹、导弹、炮弹、火箭和鱼雷等，实现对目标捕获和跟踪的一种精确制导技术。有激光驾束制导、激光半主动寻的制导、激光主动寻的制导和激光指令制导等多种方式，激光制导与微波雷达制导相仿，不同之处是用激光器和激光探测器代替了雷达的发射机和接收机。由于激光是一种特殊的光，它的方向性强，亮度高，波束窄、集束性好，所以可做为武器制导的信息源，如激光器工作波长仅为雷达波长的万分之一，激光束的散角仅为毫弧度量级，因而目标分辨率高，可达到很高的制导精度。

激光制导技术的研究始于 60 年代中期,激光制导炸弹最先装备部队,于 1969 年在越南战场首次使用,这就是"宝石路"I激光制导炸弹,仅用了 3 枚就破坏了越南北方的清化大桥。过去美军曾多次出动飞机,轮翻轰炸,损失了八架飞机,但大桥仍安然无事。这次旗开得胜的战绩,使"宝石路"名声大震,由于它把普通炸弹的 250 米的圆公算偏差减小到 3~4 米,所以获得了"灵巧炸弹"的美称。该制导炸弹属于激光半主动末端制导,它依靠照射目标而反射回来的激光能量作为导引信号,经过光电转换形成电信号,再输入控制舱,控制弹翼偏转从而实现制导飞行。在越南战场上,美国曾投下 25000 颗激光制导炸弹,摧毁坚固目标 1800 个。第二代激光制导的"宝石路"Ⅱ型,于 1977 年投产,其圆公算偏差为 1~2 米;第三代"宝石路"Ⅲ圆公算偏差约 1 米,海湾战争中使用的就是第三代。

激光制导武器,不仅具有很高的制导精度,而且可抗电子和红外干扰,可昼夜使用,所以得到了较广泛的应用,80 年代以来,激光制导导弹、炮弹和火箭等相继开始投产或使用。激光制导武器已成为重要的反坦克和防空装备,激光制导的导弹和炮弹圆公算偏差约为 0.3~0.9 米,所以美国和西欧研制发展中的第三代反坦克导弹都有采用激光制导技术的型号,如美国已列装的直升机载"海尔法"反坦克导弹,西欧的"崔格特"中程反坦克导弹等,目前多采用半主动激光寻的和驾束制导。激光制导技术的不足之处是激光束的传输易受恶劣天气影响,今后将向提高抗干扰能力、导引多弹头和攻击多个目标等方向发展。

挂在机翼下的美"宝石路"Ⅲ激光制导炸弹

　　近年来的局部战争中，激光制导武器的光辉战绩，特别是海湾战争中的杰出表现，如法国空军发射的 200 多发 AS·30L 激光制导空地导弹，命中目标的概率达 95％，美空军 8 驾携带"宝石路"Ⅲ 型激光制导炸弹的 F－117A 飞机的作战效果，等于 60 架第三代战斗机加上 15 架空中加油机的作战效果等，都说明激光制导技术的应用与发展，使激光制导的炮弹、导弹和炸弹等武器，眼睛更明亮，本事更强悍。

反坦克导弹为什么有一条长尾巴

许多动物都有自己的尾巴，各种尾巴又都有其独特的功能：虎豹用它在奔跑时保持平衡；马甩出尾巴轰走叮咬它的蚊虫；鱼摆动尾巴改变前进的方向……那么，很多反坦克导弹为什么也都要拖一条长尾巴？这尾巴有什么用呢？

我们所说的反坦克导弹的尾巴，就是它的制导导线。这种导线绝大部分缠绕在导弹尾部的线管上，也有的绕在续航发动机的壳体外边。导弹发射以后导线的另一头连接在发射阵地的制导装置上。随着导弹的飞行，导线自动松放，拖在弹后。这条尾巴随着导弹的飞行距离加长，导弹的射程有多远，尾巴就有多长，目前来看，尾巴最长的导弹要算美国的"陶"式导弹。它是第二代反坦克导弹，采用的是光学跟踪导线传输指令三点法导引的红外半自动制导，最大射程3750米，所以它的尾巴就有 3.75 千米长。

反坦克导弹的尾巴很细，它是用 2 根或 3 根像粗头发那么细的上蜡漆包线拧成的，直径总共不到 0.5 毫米。由于每根细丝外边涂了能起绝缘或防腐蚀作用的电解层，而且有天然丝或特尼纶等缠绕，所以它的抗拉性较好，不容易断掉。

反坦克导弹的尾巴，既能像鱼尾那样改变前进的方向，又能像马尾巴那样排除外来的干扰，它像是飞行导弹和制导阵地之间的一条电话线，射手通过它传回的信息，可以了解导弹与目标之间的角偏差然后给出控制指令，叫导弹拐弯奔向目标。由于反坦克导弹的飞行弹道只有几米高，地面反射的各种无线电杂波，对它的干扰是很强的，有了这条电话线一样的尾巴，就能安全地和射手"通话"，避开那些杂波干扰。另外，有了这条尾巴，导弹的跟踪装置控制信号的发射装置就可以都放在发射站，而不用放在弹上。这不仅能使导弹的重量变轻而且会使它结构简单，小巧玲珑。同时，放在发射站的装置可以多次使用，这就减少了浪费，降低了导弹的成本。

当然，反坦克导弹的这条金属导线尾巴也有不足之处。首先，它影响反坦克导弹的使用范围，比如，在丛林地带使用，树枝可能会揪断它的尾巴，使它像断了线的风筝一样不听控制任性乱飞，而贻误了战机。其次导弹在飞行中，由于边前进边放线，速度和射程便都受到了限制：速度超过300米/秒时，导线容易拉断；射程超过4000米时将难以控制。更不利的是：射手发射导弹后，必须通过尾巴时时对导弹进行控制，这就容易暴露目标被敌杀伤。如果在直升机上发射，飞机必须等导弹击中目标后才能离开，这对直升机的生存不利。于是科学家们便想出了对金属尾巴进行革新的妙计，于是"光纤尾巴"便应运而生。

法国与德国联合研制的"光纤"制导导弹
——"独眼巨人"有光纤"尾巴"的导弹

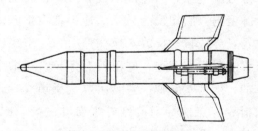

红箭-73导弹气动外形图

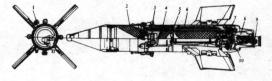

1—曳光管；2—战斗部；3—引信；4—发动机；5—弹翼筒；6—线管组；7—舵机；8—陀螺仪；9—尾部制导组件；10—接线插头

红箭-73导弹结构及布局图

这条光纤尾巴是高新技术的结晶，其光纤的线芯直径最小只有 5 微米，每千米重量小于 100 克，15 千米长的光纤导线体积才 1000 立方厘米，其抗拉强度每平方毫米 140 千克，所以它与金属尾巴相比，强度高、体积小、重量轻、弯曲性能好、信号衰减小，且频带宽不仅大大提高了传输精度，还使射程提高好多倍。由于光纤制导导弹采用了当今世界最先进的红外焦平面阵列摄像机等高技术器件，所以光纤尾巴能传输图像，把导弹战地实时侦察到的敌指挥所及战场情况，让射手尽收眼底，因此能在隐蔽的地方发射导弹，也可使导弹攻击眼睛看不到的小山后或障碍物后面的目标，故有人说光纤制导导弹使有线指令制导产生了突破性的进展，是反坦克导弹和鱼雷制导技术上的一次革命。

现在，反坦克导弹的第三代基本上都另辟蹊径，采用了"发射后就不用管"的红外成像制导、激光制导等先进制导方式，它们都甩掉了尾巴，以新的姿态在战场上驰骋。可以说反坦克导弹的金属尾巴将完成它的历史使命，光纤制导的尾巴还在逐渐发展壮大。如美国的射程为 10～12 千米的"FOG－M"光纤制导导弹、法国和原西德共同研制的 10～25 千米的"独眼巨人"光纤制导导弹，已经开始谱写"光纤尾巴"的新篇章。

巡航导弹为什么精度高

海湾战争期间，美国海军发射了近300枚BGM－109C型"战斧"式巡航导弹，严重地摧毁了伊拉克的总统府、国防部、防空系统等战略要地及战术目标。它为什么打得这么准确？因为它采用了惯性加地形匹配制导系统。

地形匹配制导，好似是用人做向导一样，借助一定的地形地物特征，通过观察、记忆和思考辨别来实现导引。其优点是精度高，不受气候条件影响；主要缺点是只能在具有一定地形特征的地区工作，在很平坦的地域或水面上飞行不能使用。对于远程飞行来说，要存储的信息量太大，进行相关计算的工作量也太大，使计算机极为复杂，因此地形匹配制导通常与惯性制导相配合来定期修正惯性制导的误差。

惯性加地形匹配制导的原理是：

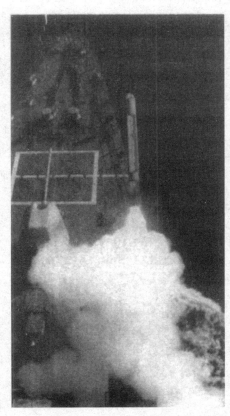

美国"战斧"巡航导弹，从海上的舰艇发射。1991年1月海湾战争首次使用

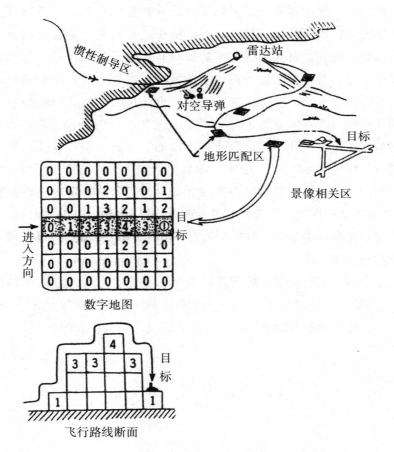

地形匹配与景象相关

选择导弹要飞经的一些适当的地区作为地形匹配定位区，通过各种侦察测绘手段获得这些地区的地形高度数据，并制成数字地图预储在弹上计算机中，导弹发射后在惯性制导系统控制下飞行，当到达定位区时，才采用地形匹配系统。地形匹配包括地形匹配和景象相关两部分。

"战斧"巡航导弹就是采用的惯性导航和地形匹配及末端景象相关组成的混合制导系统。导弹发射后,惯性制导首先工作,当导弹飞到地形匹配定位区后,地形匹配系统开始工作。导弹在飞行中,不断将雷达或激光高度表测得地形的高度数据,和电脑中记忆的基准高度数码进行比较,算出航线偏差,对导弹的航线进行修正;进入目标区后,景象相关系统开始工作,装在弹上的下视电视摄像机,可获地面景物的高分辨率图像,经处理后变成二进制的数字图像,再通过景象相关算法与事先由侦察照片产生的并存贮在弹上计算机中的大基准地图进行比较,从而可提供高精度的位置修正,在导弹飞行末段通常要进行数次修正。使用这种末制导系统的精度可小于 10 米,因为它就像认路的司机按门牌号码把车开到家门口一样,使巡航导弹准确无误地击中目标。所以美国一官员曾说:"如果地形匹配制导能使巡航导弹击中足球场大小的目标的话,那么,景象相关制导则能使巡航导弹射入球门。"所以"战斧"巡航导弹有惊人的命中精度。

随着科学技术的发展,地形匹配技术将在提高巡航导弹命中精度方面更上一层楼。巡航导弹应用后,人工智能技术还将在数字地图引导下,成为具有思维能力的智能导弹,并在未来战场上发挥更大的作用。

为什么说精确制导技术在
竞争中要不断更新

　　精确制导技术是现代高技术群密集结合的综合技术，它既是衡量一个国家军事科学技术发展能力的重要尺度，又是一个国家国防现代化程度的重要标志。因此各国，特别是军事大国，为了保持军事实力，抢占科技制高点，正在进一步展开激烈竞争，并在技术上采取限制和反限制的各种措施。

　　早在 1979 年，美国国防部就提出了对东方国家进行严格控制的 15 项关键技术，其中 11 项与精确制导技术有密切关系，如制导与控制技术、自动实时控制技术、软件技术、军事测量技术和敏感器技术等。苏联对精确制导技术的发展也是极端重视和严格保密的。1985 年 9 月，美国防部曾发表"苏联获取西方重要军事技术"的报告说，苏联情报部门获取了西方大量技术，使西方军事技术过去领先 10～12 年的地位减至现在的 4～6 年，并列举出了 14 项具体技术项目，而其中竟有 13 项是直接应用于精确制导武器系统之中。美一方面指责苏联，另一方面美又在设法研究苏联的先进技术，并积极制定和实施新一代精确制导武器的发展计划。而苏联对精确制导武器的发展始终守口如瓶，很少见诸报刊，实际上也在投入大量人力、物力积极发展。各国都十分清楚，谁掌握制造精确制导武器的诀窍多，谁水平高，谁就在军事力量上赢得优势。西欧、日本及一些发展中国家，也都竞相发展这种强有力的武器。可想而知，做为现代战场主攻手的精确制导武器，已是争夺战争主动权的有力杠杆，它必将在激烈的竞争中飞速向前发展。

当代一大批与精确制导武器相关的高技术，都在飞速发展，各领风骚。工艺设计与制造水平的不断提高，为性能精良的新一代精确制导武器的出现，准备了必要的物质和技术条件。为满足未来空间化、信息化、智能化、电子化战场的需要，精确制导武器正向着更高层次的方向发展着。

从技术发展趋势上看，精确制导武器，特别是导弹将向着满足下列基本要求的方面发展：①具有全天候、全方位、全天时的三全攻击能力；②具有超视距攻击能力；③普遍采用"发射后不用管"的制导技术，具有自主截获目标的能力；④提高抗干扰和目标自动识别能力；⑤具有对多目标进行攻

通用电气公司展出的"火焰"式低空防空系统，以 LAV－25 装甲车为底盘，炮塔上有四枚"毒刺"导弹和 25 毫米机炮

击的能力，由"一对一"，向"一对几""一对多"的方向发展；⑥提高武器的隐身性能，又具有对敌方"隐身"目标的截获和跟踪能力；⑦减少最小发射距离，加大最大射程；⑧空空导弹还应具有全高度的攻击能力和具有大离轴截获和发射能力；⑨加强发展反坦克机动式子母弹，每个母弹可装几十枚小子导弹；⑩地空导弹趋向弹炮结合混装使用，共用一个火控系统；⑪广泛采用最新的人工智能技术，进一步向智能化方向发展等。

不同用途的战术导弹还有各自不同的发展特点，包括制导手段、信息处理、动力推进和爆破侵彻力及引爆方法等，均将根据各自条件采取相应的高新技术途径予以迅速发展。

总之，代表着当今科技最高水平的精确制导武器，将在竞争中，随着科技的发展，异军突起，蒸蒸日上。

导弹为什么能分辨敌我

在 1973 年 10 月的中东战争中，埃及被击落的飞机就有 30％是被自己发射的导弹打下来的。为了防止这种亲者痛仇者快的事情发生，敌我识别系统便开始在导弹武器王国安家落户了。

敌我识别系统，主要由询问机、应答机、译码器、电源和天线等部件组成。询问机安装在发射装置或制导站。应答机安装在飞机上，它判别敌我的办法，就同哨兵、侦察兵在夜间用预先规定的口令来分辨敌我的办法相似，只不过它们的"口令"是预先设计好的一种电讯密码。当有飞机进入导弹的作战空域时，导弹射手首先捕获、瞄准飞机，同时开动敌我识别系统。这时，询问机不断用微波脉冲信号把预先规定好的电讯密码发送给飞机。如果是己方或友军的飞机，由于它上边应答机的接收频率是预先调好的，所以能立即收到询问机发来的信号，并通过译码器译出来，自动向询问机发出回答信号，当询问机终端设备的荧光屏上显示出特定的回波信号后，射手就会中断发射程序，使导弹恢复到保险状态。如果进入导弹作战区的是敌机，便收不到应答信号，即使收到敌机的其他信号，按我方事先规定的信号不能"对号入座"，射手就可立即发射导弹，把敌机揍下来。例如，美国的"尾刺"便携式防空导弹，它的敌我识别系统就安装在射手的背箱内，并通过电缆与激发手柄相连。它的天线在击发手柄上，专用的回答信号通过密码计算机存贮在程序装置内。它全重 2.7 千克，作用距离 10 千米，可与美国的和西欧各国的制式飞机配合使用。瑞典的"RBS-70"导弹配用的是"PI-69"型敌我识别器，它装在发射架上，当射手发现目标时，首先转动武器系统，作概略瞄准，再通过瞄准镜精确捕获，便可按动激光发射器的发射开关，射出激光束，解脱发射装置保险，敌我识别器开始工作，如是敌机，射手就立即发射导弹，使其沿激光束飞向目标；若回答信号说明是友机，雷达的发射程序随即自动中断。

单兵防空导弹的敌我识别装置，是在1973年的中东战争后才大量使用的，从第二代起都装备有敌我识别系统，如法国的"西北风"，英国的"星光"导弹。有的识别系统在导弹飞向目标的过程中还能继续识别敌友，如法国的"响尾蛇"地空导弹，在对飞机跟踪和截击时，发现自己或友方的飞机回答迟了，还能自动地中断截击过程，如果这时导弹在飞行中，制导站可向它发出信号命令它自行爆炸。

科索电子公司为瑞典博福斯 RBS70 防空导弹生产的 880 型敌我识别器

随着科技的迅速发展，正在研制的具有思维能力的智能导弹，可用电脑自主判断敌我，还可放过己方或友方飞机再找另外的敌机进行攻击。

由于现在高技术战争中，电子战贯穿始终，因此询问机和应答机发出的电信号很易被干扰和被侦听，所以美、日等国又在利用生物技术、电子技术、微机械加工技术，研制一种能在现代战场噪声条件下可靠工作的"微机电系统"，可把它散布于整个飞机外壳上或车辆的装甲表面

法国"响尾蛇"地空导弹及其射车上的"敌我识别系统"

上，它能以较低的功率自动对询问信号作出回答。

　　导弹武器系统配装了敌我识别系统后，就再也不用担心误伤自己和友军的飞机，而且能抓住战机，有利地攻击敌机。

为什么说航天器和地面测控
技术是航天技术的重要支柱

　　航天技术是由运载器技术、航天器技术和地面测控技术构成的综合性高技术。

　　运载器技术是研究与制造把航天器送上运行轨道的动力装置的有关技术。航天器想冲出地球大气层克服地心引力和空气阻力，就必须具有每秒 7.9 千米的第一宇宙速度，才能环绕地球运行；想环绕太阳运行就必须有每秒 11.2 千米的第二宇宙速度；想脱离太阳系的引力飞向星际空间就必须达到每秒 16.7 千米的第三宇宙速度。要达到如此巨大的速度没有产生强大能量的动力装置是绝对办不到的，所以运载器技术是实现航天飞行的第一关键，目前除航天飞机具有航天器与运载器的两重功能外，其余的航天器都要用多级火箭做动力。1957 年 10 月，苏联是将多级火箭推进的洲际导弹的弹头换上"人造卫星"，发射成功了世界上的第一个航天器。目前最大的运载火箭是美国的"土星 5"号，飞行重量达 3000 吨，三级火箭发动机总功率达二亿马力，曾把"阿波罗"登月飞船和天空试验室送入了预定轨道。

　　航天器技术，又称"空间飞行器技术"。按运行轨道划分，航天器可分两类，一是环绕地球轨道运行的航天器，包括人造地球卫星、卫星或载人飞船、航天站、航天飞机等；二是完全脱离地球引力飞往月球或其他行星，以至星际间空间运行的航天器，一般称为"空间探测器"。航天器又可分为载人和无人两类。载人航天器包括载人飞船、载人空间站和航天飞机等。载人飞船一般能在空间做短暂飞行，然后可自行返回地面，而载人空间站则可容纳多人在内生活和工作，且可在轨道上长期运行。目前人在其中连续生活工作运行时间最长的是苏联的"和平"号，已有两人创造了绕地球飞行366天的最高记录。第一艘世界上的载人飞船，是苏联航天员尤里·加加林1961年4月12日乘坐的"东方"号飞船；第一个射向月球的空间探测器，是苏联1959年1月2日发射的"月球"1号；第一个航天站是苏联1971年4月19日发射的"礼炮"1号；第一架

"流星－2"气象卫星

航天飞机，是美国1981年4月12日完成首次航行的"哥伦比亚"号。1992年6月底，世界各国共发射了4307个航天器。

　　航天器在轨道上或空间航行，是在超高空、强辐射、持续失重和温度剧烈变化的特殊环境中活动，因此航天器中装备着一整套一系列操纵、控制、能源、通信、计算、返回和生命保障系统。另一部分就是根据不同的任务所装备的专用系统，如军事侦察监视系统等。载人航天器的生命保障系统格外重要。美国的"挑战者"号在1986年1月28日升空73秒由于燃料箱泄漏致使空中爆炸，7名宇航员全部遇难，酿成航天史上最大的空难事故。所以航天器技术是航天高技术的核心部分，苏联的"暴风雪"号航天飞机由于生命保障系统不完备，首次试航是无人驾驶的，至今还没有进行载人飞行。

航天器在空间飞行，必须与地面保持密切联系，由地面测控系统对航天器进行跟踪、遥测、遥控和通信。地面测控系统由分布在全球各地的台、站、船等组成。这些设备具有非常完备的高级电子设备，是航天技术中的重要组成部分。

西安卫星测控中心指挥大厅

综上所述，可知，运载器技术解决了航天器送入轨道的动力问题，使其能在空间正常运行；航天器技术造就了人造卫星、航天站、天空试验室、航天飞机等功能和外形各异的空间飞行器，由它们去完成军事的和经济的各项任务；地面

西安卫星测控中心外景

测控技术解决了航天器在运行中的后顾之忧，使其和地面指挥中心的联系永不中断，随时交流信息直至顺利完成任务。所以说运载器技术、航天器技术和地面测控技术是航天技术的三大支柱。

星、箭为什么需要一个明净的天窗

千里之行始于足下，运载火箭要把卫星送到预定的运行轨道，也必须有一个发射场；除了那高高的发射塔台和跟踪与测控网之外，还需要选一个"黄道吉日"，即选择几个较好的发射时段。用航天术语讲，这发射时段就是发射窗口。

发射窗口分为日计发射窗口，即规定某天内从某一时刻到另一时刻可以发射；月计发射窗口，即规定某个月内连续某几天可以发射；年计发射窗口，即某年内允许连续发射的月份。无论哪种发射窗口，事先都要选择几个，供发射指挥员机动决策。

一般人造地球卫星和导弹的发射，通常只需选择日计发射窗口；对于月球和行星探测器，要同时选择月计和日计发射窗口。但航天器最终发射时间总是由日计发射窗口确定的。选择年计和月计发射窗口，主要是考虑星体与地球的运行规律，以节省发射能量。

我们知道航天器脱离地球以后，就成了太阳系的成员，它的运动必须服从开普勒行星运动定律，走的是一条以太阳为焦点的椭圆轨道。为了让它获得适当的相对于太阳的速度，就要使它在发射后的弹道起点处与地球轨道相切，而在长轴的另一端正好与行星轨道相切。如：当相对于太阳的速度达到每秒38.6千米时，轨道长轴就延伸到木星轨道；速度减少到每秒27.3千米时，长轴缩短，与金星轨道相切。这种轨道是行星飞行采用的基本路线，因为它同时与地球轨道和行星轨道相切，所以也叫"双切轨道"或"霍曼轨道"。别看它要走过半个椭圆，行程迢迢几亿里，但它沿这条轨道运行所需的速度却最小，因此双切轨道是最省能量的路线。为了保证航天器到达行星轨道时，行星也恰好走到那里与它相会，航天器出发的时间必须选择在地球和行星处于某一特定的相对位置上。例如飞往木星约需一千天的时间，航天器出发时，木星应离会合点 83°（相当于木星在轨道上走一千天的路程），也就是比地球超前 97°。这种特定的相对位置就是"发射窗口"。发射窗口每隔 1～2 年才打开一次，金星的发射窗口每隔一年零七个月打开一次，火星则隔二年零二个月。

选择日计发射窗口，考虑的因素就比较多，通常应考虑航天器与运载火箭对发射环境条件的要求、测量控制系统中各测试设备对发射时段的要求、通信及时间统一等技术服务系统对最佳和最不利发射时段的制约；气象条件对发射时段的限制以及航天器入轨的工作条件（包括太阳入射角等）要求等。一般先由上述各部门分别提出允许的发射时段，然后由发射部门综合分析，选出最佳和较好发射窗口及允许发射窗口。

如通信卫星发射窗口的选择，首先要考虑气象条件的影响。对发射安全威胁最大的就是雷电天气：因火箭顶端的尖圆放电器，很易被雷电击毁；加注推进剂时，还可能引起燃烧爆炸；火箭点火升空后，从发动机喷口射出的炽热粒子流与雷爆云接触，便会形成闪电通道，使火箭遭到雷击！另外，大风会形成发射时的侧向载荷，使直立的火箭摇摆，损害火箭外壳和内部设备；大风还会使火箭的飞行失去平衡，导致发射失败；降水会增大空气温度，使金属和木制品电信号性能降低；恶劣能见度会阻碍地面站对火箭的跟踪导航……因此，必须给卫星等航天器的发射创造良好的环境条件，选择好发射窗口，所以国外的好多航天发射场一般都选在内陆的沙漠区，广阔的海岸线以及隐蔽性较好的山区。如美国的肯尼迪航天中心和范登堡航天飞机发射场，全都建在海岸线旁，不但可以得到宽广的视野，而且交通运输方便，海洋性气候便于根据湿季和干季安排空间发射。又如法国在大西洋海岸建设的"库鲁"航天中心，是世界上近赤道卫星发射场之一，因为它纬度低，大大缩短了从发射点到入轨点的航程，是地球同步卫星的理想发射窗口。我国的酒泉发射场地处大漠深处，气候干燥，视野广阔，对发射窗口的选择非常有利。

为什么说航天器上天难，"下凡"更难

  1975 年 11 月 26 日，我国首次发射了返回式卫星。该卫星在按计划运行 3 天后，成功返回地面。这表明我国已掌握了人造地球卫星的弹道式回收技术，从而成为继美苏之后第三个掌有航天器回收技术的国家。

  航天器的返回，是航天活动中的一项重要技术，对于提高各类航天器的使用价值和发展载人宇航技术等，都有着重要意义。任何航天器成功的返回，都是航天器设计和航行过程中各个环节可靠工作的完美结合。

  航天器的发射入轨，是由运载火箭将其从静止状态逐渐加速到宇宙速度，并送入运行轨道；航天器从天上返回地面，是一个减速过程，它是靠定时启动制动火箭并在天赐的地球大气层阻力帮助下将其速度减至接近地面时的每秒几十米或几米的着陆速度。在返回过程中它还要付出"过五关斩六将"式的艰辛，才能完好无损地"下凡"人间。

  一是它要在运行轨道上，由制动火箭使其精确地转变成返回姿态，使飞行方向与地平线形成预定的再入角；如果返回的姿态不对，不仅不能返回而且有可能被抛到更高的轨道。1960 年 5 月，苏联发射的第一艘不载人飞船就是这样；1960 年 12 月载有两只小狗的苏联飞船也因再入角稍大，而使回收没有成功。

  二是控制系统启动制动火箭的时机，必须严格掌握，而且执行返回程序的一切设备都必须精确无误地工作。如果有一个部件发生问题，就会发生"一着不慎满盘皆输"的后果。1971 年 6 月，"联盟 11"号飞船返回时，由于一个气闸提前打开几分钟，3 名航天员全部因窒息死亡。

三是航天器离开原来的运行轨道后，在重力作用下，沿着过渡轨道自由下落，在距地面约 100 千米的高度开始进入大气层。这其中要承受大过载的冲击。

四是航天器在进入大气层后，以每秒几千米的速度撞击稠密大气层，就像高速行驶的汽车撞在障碍物上一样，会产生很大过载，再加上迅速减速的过载冲击，会使航天器产生强烈的振动。航天器在稠密大气层中穿行，会使周围空气受到剧烈的摩擦和压缩，温度升高到几千度。这就要求航天器的结构和电器设备，必须具有很高的强度和严格的防热系统，才不致化为灰烬。

五是着陆阶段，航天器从 15 千米以下的高度降落，仍然有每秒数百米的速度。降落伞等安全回收设备（对航天飞机来说就是空气动力和着陆设备）必须绝对可靠，否则便会被撞得粉身碎骨。如 1967 年 4 月，苏联的"联盟 1"号飞船在返回时因控制系统故障，发生自旋，航天员科马罗夫采取了紧急措施，但又使过载值超出正常值一倍多，致使科马罗夫晕眩，结果降落伞因吊绳缠绕在一起打不开，他被活活摔死。

所以说航天器的返回，是各种高新技术综合运用的难度较大的技术问题。但它在国民经济和军事领域的应用前景非常广阔，因为无论是某些照相侦察卫星、载人飞船、生物实验卫星及其他科学试验卫星等，都需要整体或部分（返回舱）返回地面。这正是美、苏等国为什么从卫星上天后，便马上着手研究和解决航天器返回技术的原因所在，因为上天难，"下凡"更难。

为什么说航天飞机具有重要的军事价值

　　1981 年 4 月 12 日美国"哥伦比亚"号航天飞机首次遨游太空，从而揭开了"航天飞机时代"的帷幕。到 1993 年 4 月 26 日"哥伦比亚"号顺利升空，航天飞机已进行了第 54 次宇宙航行任务。航天飞机的出现是航天发展史上一个重要的里程碑。它从根本上打通了人类"登天"的道路，成为像乘民航班机一样自由往返于地面和空间之间架起的天地通行的桥梁。

　　航天飞机是一种可以多次重复使用的大型航天器，也称作"太空渡船"或"太空梭"。它的主体部分靠火箭助推进入环绕地球的轨道，在轨道中像飞船一样运行，返回时像飞机一样在大气中滑行着陆。所以说它是火箭、载人飞船的混血儿，是航天航空技术综合发展的产物。它是由三大部分组成的：一是轨道器，像一架中型运输机，是航天飞机的主体，供载人、装货和从事太空活动，可重复使用上百次；通常以轨道器的名字称呼航天飞机，如"挑战者"号、"发现号"等。二是外挂贮箱，为轨道器的主发动机携带推进剂，是航天飞机唯一的一次性使用即报废的部分。三是固体助推器，共有两台，提供起飞总推力的 80% 以上，可重复使用 20 次。

　　美国是最早发展航天飞机的国家，除"哥伦比亚"号之外，已发射成功投入使用的还有"挑战者"号（1983 年 4 月 4 日首航发射）、"发现号"（1984 年 8 月 30 日首航发射）、"阿特兰蒂斯"号（即"大西洋"号，1985 年 10 月 3 日首航发射）、"奋进"号（1992 年 5 月 7 日首航发射），形成了有五架航天飞机的机队。据截至 1991 年 4 月美国前 39 次航天飞机的宇宙航行统计，其航天飞机累计总飞行距离已达一个宇宙航行单位（1.5 亿千米），乘员达 122 人，在轨道上停留的时间累积达 230 天，带到太空放入轨道的各类卫星和实验装置总重 544 吨。利用它送入太空的物质总重已达 4536 吨，占全世界送入太空物质总量的 40％，而发射次数的比例仅占全世界的 4％，这足以说明航天飞机的重要作用。这也正是世界各强国争先恐后地发展航天飞机的原因所在。

苏联在 1988 年 11 月 15 日，在拜科努尔航天中心由"能源"号大推力运载火箭，首次将"暴风雨"号航天飞机发射升空，首航试飞是无人驾驶的，其难度比美国有人驾驶的航天飞机要大得多。它打破了美国独家运行航天飞机的垄断局面，标志着苏联的宇航事业进入了一个新阶段。据称，该机的研制费用达 100 亿美元，机身长 37.3 米，直径 5.6 米，有效载荷舱长 18.3 米，直径 4.7 米，比美国的航天飞机稍大一些，乘员可达 8～10 名。1989 年曾参加了在巴黎举行的世界航空博览会，至今，还未进行再次发射飞行。

西欧"竞技神"航天飞机模型

欧洲航天局 13 个成员国联合发展的"竞技神"号航天飞机,是一架多用途、多功能的小型航天飞机,预计 1995 年进行首次飞行;日本从 1987 年 6 月提出用"H2"号重型运载火箭发射"希望"号航天飞机,目前仍在研制中。

航天飞机有哪些军事用途呢?

1. 军用载荷的运载器和维修站。用它发射卫星,每千克重量发射费用仅为运载火箭的 1/6~1/3。因此,用在轨道上发射、维修和回收卫星,检查和捕获别的航天器,进行支援、营救、运载大型构件,从事太空建筑等,成本低廉,使用方便。

苏联"暴风雪"号航天飞机正由一架 M – 4 "野牛式"轰炸机背负进行试验

2. 短期航天站和载人的太空侦察机。宇航员可在航天飞机上有效地使用先进的光学设备,对地球和太空轨道进行侦察、监视等活动。

3. 航天武器的试验台。航天飞机的大货舱可容纳大功率的激光和粒子束武器,做为它们的试验平台。1991 年 4 月"发现"号航天飞机,就曾试验和采集了有关战术弹道导弹的特征和再入飞行器气体的数据,为研制有效的预警探测器做了准备。

4. 未来太空作战的歼击机。航天飞机能在太空改变飞行轨道,用其机械手可擒获敌卫星,可在机动飞行中破坏敌方航天器的关键设备等。

美国航空航天局副局长汤普森说:"航天飞机的确是一种非常了不起的机器,它的功能已大大超出了 70 年代我们对其所抱梦想的范围。"随着新科技的发展,航天飞机定会不断进步,在军事上发挥越来越重要的作用。

为什么把空间站称为军用"航天母舰"

　　第一次世界大战后出现的航空母舰，在第二次世界大战中取代了战列舰，发挥了核心作用，成了海上巨霸。在1991年的海湾战争中，美国调集了40%的航母战斗群开赴海湾水域，形成对伊拉克的海上封锁，支援对伊拉克的空袭和地面作战，无论从快速部署，还是对制海制空权的取得，都发挥了较大作用，不愧是海上的战略支柱。

　　为什么把空间站称为航天母舰呢？因为到了20世纪90年代，外层空间已成了诸强国争夺的第四战场，而空间站与卫星和其他航天器相比，无论从体积和功能上，还是从其发挥的作用方面，都具有空间巨霸的实力和影响，因此有人称其为"航天母舰"并不过分。

　　什么是空间站呢？

　　空间站是一种可供航天员巡访、居住和工作的大型载人航天器，又称"航天站"或"轨道站"，是人在天上开展长时间航天活动的重要基础设施，对科研、国民经济、军事都有重大的意义。航天站通常由对接舱、气闸舱、生活舱、轨道舱、服务舱和太阳能电池帆板等部分组成。对接舱用于停靠运送人员与货物的载人飞船、无人货船、航天器或航天飞机等；气闸舱是航天员在轨道上出入空间站的通道；生活舱是航天员休息和吃饭、睡眠的场所；轨道舱是航天员试验、研究和工作的地方；服务舱一般装有推进与电源设备；电池帆板装在航天站外边，用于把太阳能转换成电能供站上仪器和照明用。

　　1971年4月，苏联发射了世界上第一个空间站"礼炮"号，至

1986年8月"礼炮"7号在太空轨道中止载人飞行为止，15年中苏联发射了7座航天站，有42批94人次航天员进站工作共1700多天，成功地实现了"两位一体""三位一体"的太空对接飞行，为今后组建大型永久空间城提供了宝贵经验。1986年2月20日，苏联又发射了第三代轨道站"和平号"进入太空运行，它总长13.13米，最大直径4.2米，可容纳12名航天员，有6个对接口。1988年12月21日，有2名宇航员在该站生活工作366个昼夜，

苏联的"和平号"空间站

创造了人类在空间一周年的最高纪录；1987年2月6日—4月2日，"和平"号实现了和"联盟TM-2号"、"量子"号天体物理实验飞行器及"进步"号四位一体轨道联合体的对接，进行了大型科学试验工作。1986年5月，还实现了航天史上第一次"太空转移飞行"，即进行了50多天极其复杂而又非常顺利的空间站之间的往返飞渡。"和平"号空间站是当今世界上最大的、设备最完善的轨道联合体，也是航天技术高度综合利用的最高成就，苏联在航天站技术领域显然居于领先地位。

1973年5月14日，美国发射的"天空试验室"进入近地轨道运行，1979年7月11日再入大气层烧毁。这其中有三批、九名航天员乘"阿波罗"飞船上站工作，总计171天，共完成270多项科学试验工作。1984年美国根据里根总统的指示，开始研制一种更大更先进的永久性航天站。

第三个进入太空的空间站，叫"空间试验室"，是欧洲航天局的航天项目，称为"哥伦布"号，它不能单独往返飞行，只能装在航天飞机的货舱

中，随航天飞机一起飞行，在轨道上发射出去，完成任务后，再随航天飞机返回地面。它将有"四个房间"可供 8 名航天员居住，原预计 1995 年投入使用。

目前，美国和日本、英国、加拿大、比利时、丹麦、法国、意大利、荷兰、挪威、西班牙和德国等共同研制美国于 1984 年提出的永久性载人航天站，1988 年正式签约，预计投资 230 亿美元，于20世纪90年代后期投入使用。

天空实验室

空间站目前可完成多种军事任务：军事侦察与监视；部署、回收、组装和维修各种军用航天器，并为之补充燃料；作为深太空飞行器的中转站和飞行指挥部；与地面、空中、卫星等配合构成严密的战略预警网，可提高战时的决策能力，用其 C^3I 中心，提高改善地、空、天作战指挥的保障作用；有计划地部署太空武器，做为其基地还可捕获敌方的卫星和其他航天器。

欧空局的空间实验室

所以说，空间站不仅是地球上陆、海、空军的"兵力倍增器"，还将成为天战中天兵天将的军营和指挥中心，是名符其实的航天母舰。

为什么说航天技术在军事
领域的竞争日趋激烈

美国前总统肯尼迪在1960年就曾说过："如果苏联控制了空间，他们就能控制地球。就像过去几个世纪那样，控制了海洋的国家也就控制了大陆。"所以他雄心勃勃地宣布："要在 60 年代结束以前，把人送上月球，并安全返回"。在以后的 8 年中，美国完成了"水星"、"双子星"和"阿波罗"载人飞行的三步曲。1969 年 7 月 16 日，2 名宇航员乘坐"阿波罗"飞航，从卡纳维拉尔角出发，于 7 月 20 日登上了月球，为美国争得了航天领域的首次第一，实现了已故肯尼迪总统的遗愿，也拉开了航天领域激烈竞争的帷幕。美国在 1983 年积极推进星球大战计划（SDI），实际上就是力图在控制外层空间方面超过苏联。当时苏联每年要进行近百次空间发射活动，在轨道上保持着约 150 颗卫星运行，美国在轨道上也保持着几乎同样数量的卫星，外层空间已成为美苏争雄世界的第四战场，其目的都是为了取得制天权，这对航天技术的发展起了较大的促进作用。航天技术在军事领域的激烈竞争，主要表现在以下五个方面。

1. 外层空间的军事对抗。军用卫星广泛用于军事侦察、监视、通信、导航和军事指挥，在20世纪80年代以来的历次重大军事冲突和局部战争中，都及时、准确地帮助了美苏两国的作战部署和军事行动，已成为现代战争的重要支援系统。一旦这些作为耳目、神经的航天器被摧毁，依赖其提供各种信息和联系渠道的军事指挥系统，就将陷入混乱。因此双方既要研究掌握击毁卫星和其他航天器的技术，又要寻求防护航天器的可行措施，并研究提高航天器生存能力的办法，这就产生了外层空间的军事对抗技术。

2. 天战天军的出现使航天技术更加全面地介入军事领域。苏联于1965年在国土防空军内设立了太空防御部；美国已于1985年9月成立了航天司令部，目前美国已拥有一个航天师、一所太空战学校。据报导，到下世纪中叶，美国的军事航天系统，从作战指挥到战斗保障，将形成一个体系完整、门类齐全，包括歼击航天兵及轰炸、侦察、救援、运输航天兵等若干兵种的新军种——天军。英、法、日等国也都相继建立了自己的军事航天机构，负责军事航天计划的制定和实施，以及航天兵器的研制和发展等。

3. 发展用于攻防兼备的航天兵器。美国的SDI计划和苏联的"战略防御力量"中都有重要的航天兵器，包括定向能、动能等反导、反卫星武器系统，许多空间武器的关键技术已取得重大研究成果，预计本世纪末、下世纪初就可逐步部署使用。如目前美国研制的大型天基"阿尔法"化学激光器，进展迅速，预计1996年中期将进行空间试验，15年内可研制出作为反导武器的激光器。

4. 积极发展航天运输系统。发展天军，准备天战，就必须大力发展军用航天飞机和运载火箭。美俄两国都在投入大量人力、物力、财力建造航天飞机，发展大功率推力的运载火箭。美国还对可重复使用的单级入轨火箭技术进行了探讨，它可像民航飞机那样，经过简单检修，很快就能进行下一次飞行。在对下一代航天运载器的发展提出的三种方案中，其中两种考虑了这种单级入轨火箭。除此之外，美国已成功地运用Ｂ-52轰炸机在空中发射了"飞马座"运载火箭，用它发射了低轨道卫星。这种空射型运载火箭可大大降低发射成本，也引起了各国的重视。

5. 军用航天母舰——空间站的发展，为天战提供了空间基地。轨道间飞船可视为空间歼击飞船，它是天战中活动范围广、机动灵活的突击力量。航天飞机除了承担天地间的运输任务，还是低轨道上航天活动的

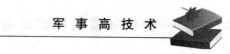

多面手，三者结合起来，加上其他卫星系统的有效配合，便可构成一个新式载人航天战略兵器系统。苏联从1971年至今已发射了8个空间站，目前正在运行的"和平"号属于第三代。美国于1973年5月至1974年2月发射了天空试验室，目前又在为建造"自由"号空间站，展开了与英法等国的协作。

　　总之，为了未来的"制天权"，美俄和西欧等强国，都在积极发展自己的航天事业，并在航天技术的军事应用领域展开了激烈的争夺战。

两个航天器为什么能在
太空对接得天衣无缝

　　1990年5月31日，苏联从拜科努尔发射场发射的19吨的晶体材料加工舱，于6月10日与"和平"号空间站对接成功。

　　茫茫宇宙如此之大，为什么一个刚发射的航天器，能在浩瀚的太空中，准确地找到要与之对接的另一个在轨道中运行的飞行器呢？这就是空间站发展中已解决的"交会与对接"的重要技术难题。

　　所谓交会，即轨道交会，是两个航天器同时到达空间的同一点，而且在相遇时的相对速度接近于零。交会后，通过专门的对接装置，控制一个航天器与另一个对接目标相互接触，并将二者连接成一个整体，就叫轨道对接。

　　下边以一个飞行器发射后与高度为数百千米圆轨道运行的空间站交会对接为例，说明其交会和对接过程，一般分为以下五个阶段。

　　1. 把握发射窗口，进入等待轨道。

　　为保证飞行器运行的轨道平面与空间站运行的轨道平面在同一个平面内，必须选择和

苏联"联盟"号飞船和美国"阿波罗"飞船对接

把握好仅有几分钟的发射窗口，以使飞行器从地面发射入轨后，首先进入预定的椭圆轨道，即等待轨道。同时，要使飞行器每飞行一周就向前追赶空间站一个预定的角度，并在远地点适当加速，以提高其运行轨道的近地点高度，使飞行器处于空间站后方一定距离、下方一定距离处，以保证空间站进入飞行器"交会对接雷达"的搜索捕获区域。

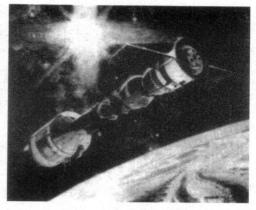

苏联"联盟"号飞船在轨道对接

2. 追踪空间站飞行，进入第一待命点。

为使对接雷达不丢失目标，飞行器需在远地点时再次变轨，使其接近圆形轨道，并开始对空间站进行追踪飞行，当两者达到预定的距离时，便精确调整飞行器相对于空间站的运动速度，使其到达距空间站一定距离（数百米）的第一待命点。此时两者处于同一运行轨道（追踪时间约2小时左右）。

3. 绕飞机动奔走廊，进入第二待命点。

飞行器围绕空间站进行大角度机动飞行，以进入以空间站对接口轴线为中心的锥形对接走廊，并逐渐调整其飞行姿态，使其对接口轴线与空间站轴线重合，当二者相距一定距离（200米左右）即到达了交会对接的第二待命点（运行时间约半小时）。

4. 对接逼近，进入第三待命点。

飞行器沿对接轴线"顺藤摸瓜"，谨慎地向空间站缓慢平移，两者相距几十米时，即进入了第三待命点（运行时间约半小时）。

5. 冷气做动力，实现最终对接。

为了不致对空间站造成污染，这时改成使用冷气（如氮气）喷射系统控制飞行器向空间站做最后平移逼近。当二者对接机构紧密地连结在一起时，便实现了最终的对接（对接时间约一小时）。

两个飞行器在太空交会和对接，不但可以使空间站的宇航工作者来去自由，而且使后勤补给、设备维修带来方便；不但可以使太空的宇宙工厂维持生产经营，而且在军事上还有着非常巨大的意义。当太空战争爆发时，空间站就是"航天母舰"，航天飞机既可与其在对接中输送兵员，又可运送设备和"武器弹药"。这时空间站便成了太空的作战基地，可以用它取得的制天权，居高临下地对太空军用卫星、洲际导弹实施攻击，以此达到预期的政治和军事目的。这就不难明白，为什么美国和苏联及西欧等国都在投入大量的人力物力财力，进行空间站和航天飞机的研制工作，对航天器在空中对接的技术关键的解决，当然就更加不遗余力。如今已研制成功了"异体同构"的新的对接机构，即无主动、被动之分，两个飞行器的对接机构是相同的，每个飞行器都能充当主动角色，并保证对接后通道的畅通。

为什么说 GPS 接收机在海湾
战争中是初展才华

  1991 年海湾战争爆发前夕的 1 月 13 日，法国一架"美洲豹"直升机上的 GPS 接收机发现了一个信号，经仔细查找，在空旷的沙漠上，救起了一名从"F-16"战机上跳伞的美军飞行员。

  GPS 就是集高新技术于一身的"导航星全球导航系统"。它是美国一种以空间 24 颗卫星为基点的导航网络，可在全球范围内全天候地为海上、陆地、空中和空间的各类用户连续提供高精度的三维位置、三维速度和时间信息，是当今世界最高精度的一种星基无线电导航系统。它是美国继"阿波罗"登月飞船和航天飞机之后的第三大航空工程，又是迄今为止历史上第一次成功地解决了导航精度与作用范围的传统矛盾，将导航的航行保障能力提高到了一个新的水平。该系统经过 20 年的研制与开发已于 1993 年正式完成并开通使用。

  海湾风云初起之时，该系统还未投入使用，面对毫无地形特征的沙漠和变化无常的气候，盟军的地面和空

只有巴掌大小的 GPS 接收机

中行动遇到很大困难，海域的航道障碍和雷区，也为海军的行动带来危险。由谁全天候地提供精确的可靠位置的导航信息，就成了需马上解决的燃眉之急。于是GPS系统，便提前2年，走出襁褓披挂上阵，GPS接收机这初生牛犊，不怕虎狼的挑衅，在战场上东挡西杀，凭借高新技术的优势，从小到传递信息，大到制导导弹袭击战略目标，都起到了显著的作用，可谓初展才华！

为什么说它在海湾战争中初显才华？因为在条件极其恶劣的环境中，它的军事能力虽未被全部利用，但已显示出了巨大的优势和灵活性，证明它在军事上具有不可低估的潜力。请看它在战争中的突出表现：

协助特种部队战前侦察：深入伊拉克的特种部队用GPS系统监视伊坦克和部队的调动；机载侦察平台的导航系统综合进了GPS接收机，由于它的高精度，对识别伊境内的预警装置起了很大作用，对获取伊方情报立下了汗马功劳。

使地面战场作战效率极大提高：GPS在陆军的应用中，从单兵定位到特种部队前线穿插，从高速推进机械化部队的快速定位到多兵种的火力协调；从各种地面战车的火力定位，到对活动目标的"移动火力"打击，以及躲避雷区、穿越障碍区、完成战场补给和救援等方面，都做了身手不凡的"表演"，给陆战增添了新的活力和效率。

引导美海军的"海空地"分队，成功地穿越了近海危险区并监视伊军事行动；舰艇上的GPS接收机还协助导航、巡逻、舰队调动与汇合及武器发射，完成水下扫雷任务等，都做出了突出的贡献。

使空军具备了全天候作战能力，提高了射击精度：在海湾战争中，美国用1千万美元购置了GPS接收机（MAGR），主要用在战斗机、轰炸机和直升机上。如有37架"B－52"轰炸机和72架"F－16"战斗机装备了"GPS"接收机，将其与惯性导航数据综合，最后得到的数据用来更新惯性导航仪。由GPS接收机提供的非常准确的目标位置与精确的飞机导航数据的结合，使飞行员能在夜间和恶劣天气下成功地完成轰炸任务，并能实施云层上的高空轰炸，使"B－52"旧貌换新颜，出色地完成了地毯式轰炸任务。此外，GPS在精确标定战场重点设施的位置、空战指挥和控制、救援、撤退、前方空中管理等方面，也发挥了巨大的作用。

使精确制导技术更上一层楼：海湾战争中使用的"斯拉姆"防区外对地攻击导弹一鸣惊人，它从116千米处由A-6飞机上发射后，由A-7飞机电视遥控第二枚导弹，穿过第一枚打出的弹孔，炸毁了一座水电站。由于它是第一枚采用GPS接收机获得位置数据来更新其惯性导航系统的导弹，因此使这种制导方式身价百倍。其极高的制导精度，诱使"战斧"及其他一些战术导弹都加装了GPS接收机，使精确制导技术上了新台阶。

通过实战检验，GPS接收机的确具有着巨大的军用潜力，前途喜人。但它是只能接收不能发射的非自主导航手段，应有所改进。届时，它将像猛虎添翼一样在未来战场上势不可挡！

为什么说"军用卫星王国"的发展
在当今航天技术领域独领风骚

　　海湾战争中，以美国为首的多国部队，利用照相侦察、电子侦察、海洋监视导航定位，以及战术战略通信、数据中继、导弹预警、军用气象等10余类约100颗军用卫星为美国最高当局和战区的多国部队建立了一个快速、高效的指挥控制通信和情报网络系统（C³I），对取得战争胜利起了重要作用。

苏联"宇宙-1500"地球资源卫星

　　1957年10月4日，苏联成功地发射了世界上第一颗人造地球卫星后，至1992年底，世界各国共发射了各类航天器4320多个，其中卫星约占90%，而卫星中又有70%用于军事目的，所以说军用卫星已成了航天技术用于军事的主战场。目前，形形色色的军用卫星已组成了一个庞大的卫星王国，分为五大家族。

　　1. 侦察卫星家族。该家族的特长是耳聪目明，因此主要担当战略武器配套中的通风报信任务。根据它们对电磁辐射谱段的不同的敏感本领及分担的任务，又分为兄弟五个。老大是照相侦察卫星。它以可见光相机和红外相机作为遥感手段，同地面或空中的其他侦察手段相比，这种航天侦察分辨率高，又适于夜间侦察，还可识别伪装，如美国的"大鸟"卫星，它可在 180 千米高的轨道上拍照，地面分辨率可达 0.3 米。目前照相侦察卫星是侦察

"闪电"号通信卫星

地面战略目标的主将。老二是电子侦察卫星。用它装备的侦察接收机和磁记录器侦察敌方防空雷达和反弹道导单雷达的位置及频率等性能参数，并探测敌方军用电站的位置和窃听其通信。老三是导弹预警卫星（本书已有介绍，不再赘述）。老四是海洋监视卫星。主要任务是监视海面舰船和港口设施，如苏联的"宇宙-954"号卫星。老五是核爆炸探测卫星。其任务是利用星上设备探测核试验各种效应产生的相应射线，并对结果进行分析，从而准确地了解它国发展核武器的重要情报。

2. 军用导航卫星家族。人造地球卫星在轨道上的运行是有规律的，可随时算出卫星在空间的坐标，把它作为一个导航信标，帮助地面上的用户确定位置，从而实现导航。该家族成员本领高强，因此导航定位精度高，可全天候工作，能覆盖全球而且要求用户设备简单，并可导引远程武器的精确投掷。如海湾战争中导引"斯拉姆"远程对地攻击导弹轰炸水电站；为卫星、飞船、飞机、车辆和舰船等途中导航；充当飞机进场着陆引导、飞机会合加油及战术导弹导航系统的修正以及空中交

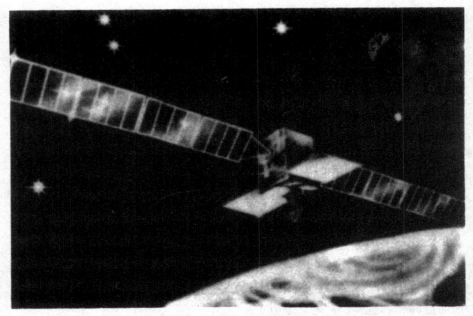

意大利卫星通信系统——SICRAL

通管制等。当今最出类拔萃的是美国三军通用的"导航星"全球定位系统，它是由 24 颗卫星组成的，均匀分布在高 2.02 万千米的 6 个轨道平面内，运行周期为 12 小时，全球任何地方至少能同时看到 4 颗卫星，定位精度可达 16 米，测速精度优于每秒 0.1 米。

3. 军用通信卫星家族。该家族成员仅少于侦察卫星，也属人丁兴旺的大家族。本书已有介绍，恕不赘述。

4. 测地卫星家族。地球的形状并不是圆球形的，因此重力场分布也不均匀，这就对弹道计算，对飞机、导弹的贯性导航系统影响很大，为提高精度就不能忽略这些影响，因此测地卫星家族可以施展才干。可用它进行大地测量，并绘成地图，准确地标定出目标位置，掌握地球重力场梯度的变化，用以校正弹道导弹的飞行轨道。美国的第一颗专用测地卫星是"安娜"号，20世纪70年代开始，又有了"激光测地卫星"，能把

地面只有几厘米的变形和位移都推算出来。

5. 军用气象卫星家族。该家族生活在极地或地球同步轨道上，拥有电视摄像机、微波辐射计、红外分光仪等设备，能连续快速、大面积地探测全球的大气变化，能拍摄高分辨力的气象云团为空海军及地面部队提供气象预报，如美国20世纪60年代初发展的"国防气象卫星"。海湾战争中美国就应急发射了一颗气象卫星，以对付沙暴和恶劣天气的影响。

除此之外，还有正在发展中的"反卫星卫星"，也叫"拦截卫星"，如苏联最早发展的"杀手卫星"。

虽然卫星的工作寿命一般为1～2年，目前经常保持在轨道上运行的约为200颗，最多时不超过400颗。它们日复一日地围绕地球旋转，静悄悄地执行着各自的任务，在现代历次局部战争中发挥了较大的作用，不愧是航天技术领域战斗在军事战线独领风骚的英豪！

预警卫星为什么能提前
发现敌人发射的导弹

1991年1月18日，海湾战场硝烟弥漫，伊方的飞弹刚向沙特飞来，只见一支利箭拖着火光与之相撞，随着一声巨响，在浓烟中同归于尽。这便是首次参战的"爱国者"导弹成功拦截"飞毛腿"的实况。此一举，开创了战术导弹空中格斗的新篇章。

为什么"爱国者"导弹能在空中准确地击毁"飞毛腿"导弹？这还得从导弹预警卫星谈起。

能够提前发现敌人已发射导弹，及时发出信息向地面站报警的卫星，称为导弹预警卫星。

预警卫星为什么能提前发现敌人发射导弹呢？因为预警卫星的运行轨道高，看得远。预警卫星的轨道有两种，一种是同步静止轨道，一种是大椭圆轨道。

同步静止轨道在赤道上空，离地球35800千米，发射到该轨道上的预警卫星，尽管仍以每秒3千多米的速度运行，但因它绕地球中心旋转的角度与地球自转的角速度一致，从地面上看，卫星就像静止不动的，所以可连续监视某一地区，由于它"站"得高，地球的弯曲度对它影响较小，导弹发射后90秒，卫星便可发现，并把这信息传给地面站，地面站再报告指挥中心。在敌方洲际导弹落地前25分钟，潜艇发射导弹落地前15分钟，预警卫星就发现它们，从而赢得了时间。由于预警卫星自身还以每分6圈的速度自转，所以它的望远镜只要张开10°角，一颗卫星就能侦察地球表面 2/5 的地区。若在地球赤道上空，相隔 120° 放置 3 颗同样卫星，则地球低纬度地区的任何地方发射导弹，都能被它发现。美国的预警卫星从 1971 年投入运行以来，采用的就是这种轨道。

大椭圆轨道的近地点在南半球离地球约 600 多千米；远地点在北半球，离地面 4 万多千米。卫星运行周期约 12 小时，其中约 8 小时位于北半球上空，若在这样的轨道上等距离放置 3～4 颗预警卫星，就能保证一天 24 小时总有一颗卫星在监视北半球，同时还弥补了同步静止卫星侦察不到北极地区的漏洞。大椭圆轨道比较容易实现，且节省人力、物力，前苏联多采用大椭圆轨道。

远在 30000 多千米空间的卫星，是怎样发现发射导弹的呢？主要是根据对导弹发射时产生的红外辐射进行探测。导弹发射时，从尾部喷出一条火舌，火舌边缘处火焰抖动，很像羽毛，故称其羽状尾焰，无论是液体还是固体燃料火箭发动机，其燃烧室的温度都大于 3000℃，因而向外辐射强烈的红外线。预警卫星上安装有红外探测器，感受到这种辐射，就会产生一个脉冲电流，证明有导弹发射了，这就是早期预警卫星侦察导弹发射的方法，如今预警卫星的红外探测器已变成了红外探测器阵列。如美国的 647 预警卫星，其探测器置于光学系统焦面上，它是由 2000 个硫化铅探测元件组成的近于线性的二维阵列，采用无源的空间辐射制冷，可用于目标识别，特别是排除来自高云层反射阳光辐射的虚警。将来还将采用更加先进的"凝视"型红外探测器，可以排除钢铁厂、森林火灾产生的虚警，计算机还可根据它几百万个红外敏感元件依次发回的信号及其依次的时间，算出红外辐射的轨迹和运动速度，从而推断出是飞机，还是导弹，同时可测出飞往哪里，弹着点在何处。

在海湾战争中，美国就是使用两颗"防御支援计划"（DSP）导弹预警卫星，各配备了 600 个红外探测器组成的红外望远镜。一旦发现伊方发射"飞毛腿"导弹，其羽烟的红外图像立即由卫星传送到美国空间司令部设在澳大利亚北部艾丽斯斯普林斯的卫星地面站，并由军用通信卫星传给设在美国的导弹预警中心。这两地的计算机算出导弹的预落点，并把预警信息传给"爱国者"导弹发射基地，整个过程花费时间不超过 2 分钟，也就是"飞毛腿"导弹升空后的 5 分钟，在余下的 2 分钟内"爱国者"导弹就可对它进行拦截。因此"爱国者"导弹在预警卫星的帮助下，发挥了自己的优势，在海湾战场上旗开得胜，成了反导导弹的楷模。

为什么把军用遥感卫星称为神探

　　"福尔摩斯"和"亨特"虽然是家喻户晓的神探,但他们都是作家在小说和电视剧里虚构的侦察英雄。有没有真的神探呢?有,它们就是当今的"天兵天将"——军用遥感卫星。

　　什么是军用遥感卫星?军用遥感卫星就是装有遥感器的军用人造地球卫星。它们是在大气层外,按着天体学的规律,环绕地球轨道运行的一种航天器。按用途,它们可分为侦察卫星、预警卫星、海洋监视卫星、军事气象卫星和核爆炸探测卫星等。

　　为什么称它们为神探?因为它们永不知疲倦地在各自轨道上绕地球旋转,利用其"居高临下"的优越位置观察和监视着敌人的一切情况,神不知鬼不觉地把见到的可取信息传送给地面站。用它侦探军情,就像"囊中取物"一样方便。这里从五个方面介绍它们的神奇本领。

　　1. 搜集情报做到知己知彼:侦察卫星利用光电遥感器或无线电接收机等侦察设备,从轨道上对目标实施侦察监视或跟踪,搜集到目标辐射、反射或发射出的电磁波信息后,

这是被泄露的第一张美国侦察卫星照片,分辨率为0.3米。图为苏联苏-27远程截击机

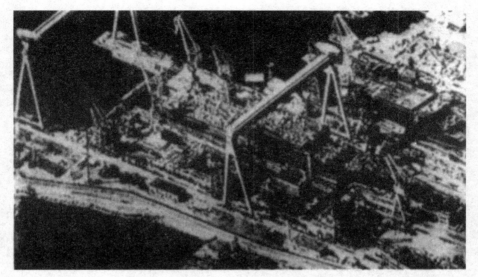

被泄密的另一张美国 KH－11 侦察卫星照片，分辨率为 0.3 米，泄密者莫里森以间谍罪被判两年刑。图为正在建造的苏联航空母舰

用胶卷、磁带等记录方式贮存在返回仓内进行回收，也可通过无线电实时或延时传输到地面接收站，再经过光学设备或计算机等进行处理，从中获取有价值的军事情报。

2. 战术和战略预警防患于未然：通过照相侦察卫星和电子侦察卫星进行战略预警，前者可使轰炸机和战区核力量从平时的基地疏散，导弹舰驶离港口，进行常规力量总动员；后者能发现新的战术通信网或新出现的军事单位呼号、发往敏感地区的信号突增，发现前沿部队更改使用频率以及攻击命令，这些都是战争的征候。战术预警是依靠预警卫星实现的，它可提供攻击已经开始的确切证据，能在洲际导弹到达目标前 25 分钟发出预警，美国的"布洛克"14 是现役的第三代预警卫星，能探测到导弹的羽焰，可对导弹发射进行持续的跟踪。

3. 监视军备控制做到"有的放矢"：用侦察卫星集中监视某些特定地区的事件，发现疑点就增加卫星的覆盖面积，以搜集更多的数据，如美国对于世界有限禁止核试验和防扩散条约的监视就是用卫星进行的。

4. 为制定战略目标计划服务、提供准确的测绘图形和数据：用军用测地卫星对地球表面进行精确测绘，以提高洲际导弹和潜射导弹的制导精度。美国现役的巡航导弹是依靠存贮在弹载计算机内的卫星图像转换成的数据来进行制导的，发射后它就是把雷达测高计的读数和存贮的数据进行对照，借以确定巡航导弹所对应的地面坐标位置，才准确飞抵目标的。

5. 为处理危机事件，提供实时支援：用侦察卫星取得战场真实战况，使指挥部做到"运筹帷幄之中，决胜千里之外"。如在海湾战争中美国共计动用了 60 多颗卫星参战，以使部队采取准确而有效的军事行动：通过国防通信卫星使海湾地区部队和舰队时刻与白宫及国防部保持密切联系；令导弹预警卫星时刻注视伊军"飞毛腿"导弹的发射动向；改变 KH-11，KH-12 照相侦察卫星的轨道，加强对中东地区的侦察，派"大酒瓶"电子侦察卫星截获伊军司令部下达的重要军事情报直接实时地传送给美军司令部；让 GPS 导航卫星为三军将士实时"指南"定位，互通信息。这一切都取得了较辉煌的战绩，遥感卫星也因此身价倍增，它用事实告诉人们，发展空间系统，特别是发挥军用遥感卫星的神探作用将是取得现代战争胜利的有力保证。

为什么说通信卫星是最有效
的战略战术军用系统之一

1990年7月29日晨，美国KH－11照相侦察卫星发现伊拉克军队关闭数月的"大王"雷达突然开机，4天后伊拉克占领了科威特全境，这些信息几乎同时通过美国的通信卫星DSCS－Ⅱ和Ⅲ等传送到白宫和五角大楼。伊拉克入侵科威特数小时后，美军就迅速做出了反应，向海湾调动卫星地面站、高频通信设备以及飞机、舰艇和部队，准备执行"沙漠盾牌"行动，充分显示了通信卫星在现代战争中的地位和作用。

为什么通信卫星能迅速地将远在千里万里之遥的战场状况传送给自己的大本营？这还得从卫星通信说起。

卫星通信的实质就是把带有天线、转发器等相应设备的人造卫星做为天上的微波中继站，实现远距离通信。它与过去的洲际通信所使用的短波无线电通信和海底电缆通信相比，不仅减少了对昂贵且易损的地面通信线路、海底电缆和无线电中继站的依赖性，而且显著地提高了通信水平，因而，卫星通信在军事通信网中的应用，所占比重越来越大，是最有效的战略战术军事应用系统。

早期的通信卫星都是运动型的，从地面上看它以一定的速度不停地运动，它离地面的高度低于3.58万千米，称作

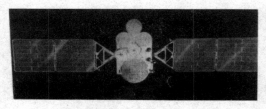

美国的国防卫星通信系统－Ⅲ

"近地通信卫星"，其发射比较容易，轨道低。为了保证地面站之间的连续通信就必须同时有许多颗卫星均匀分布在轨道上，使通信两地之间的上空始终有通信卫星经过，而且地面站需要复杂的跟踪设备，所以现在很少采用。

现在大都采用地球同步通信卫星。地球同步卫星在地球赤道上空距地面 3.58 万千米处，以每秒 3.067 千米的速度绕地球运动，绕行一周的时间是 24 小时，等于地球自转一周的时间，所以称"地球同步卫星"。它绕地球旋转的角速度和地球自转的角速度相同，因此从地球上看去，它总是不动的，所以也叫"静止卫星"。这种卫星大约能供地球上1/3的地区通信，发射三颗这样的卫星，使它们定点在与地心连线的夹角均为120°角，相距 7.26 万千米，就能实现全球通信，这一原理也适于全球导航和气象观测。自从 1958 年美国发射世界上第一颗试验通信卫星以来，全世界

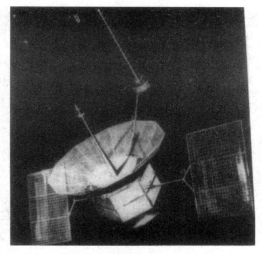

美国海军的舰队通信卫星

美国国防卫星通信系统－Ⅱ

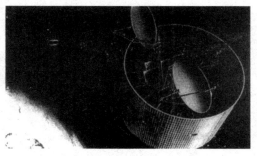

美国跟踪与数据中继卫星系统－TDRS1

发射了近 800 颗通信卫星，其中静止卫星就有 200 多颗。

同步通信卫星是由天线系统、轨道保持和姿态控制系统、遥测遥控系统、转发器系统和电源系统等组成的。定向天线和转发器用以完成与地面通信任务；电源系统为卫星运动提供电力；全向天线和其他各系统都是供测量卫星轨道、调整卫星姿态以及控制卫星入轨的。为使卫星在轨道上姿态稳定，常用自旋稳定的方法，使卫星绕自旋轴以一定的速度旋转，靠旋转产生的惯性保持姿态稳定。由于外界因素影响，卫星自转轴产生偏斜或自旋速度减慢致使卫星姿态发生变化时，会引起定向无线波束偏离应当覆盖区，同时装在卫星外壳上的太阳能电池也会因得不到足够的照射而影响电力供应。因此，对卫星的姿态也要经常进行调整，即用星上的敏感元件确定其对地球和太阳的姿态角然后变成电信号，经放大调制后送到地面测控站，由地面站控制卫星上的小火箭来进行姿态调整。如果卫星偏离了预定的运行轨道位置，同样也由地面测控站遥控星上的火箭点火进行相应的调整。这就使通信卫星能在自己航行的预定轨道上"定点"，并准确地完成通信任务。

目前，美国军事卫星，技术处于世界领先地位，它分为①战略通信卫星，如"国际卫星通信卫星"Ⅱ和Ⅲ；②战术通信卫星如海军的"多址通信卫星"；③舰队通信卫星如以海军为主，海空军联合使用的特高频军用通信卫星系统。

通信卫星使用的频段一般是频带较宽的超高频（SHF）频段（3～30吉赫）。通信卫星技术发展迅速，已由 1965 年的美国国际通信卫星组织 1 号卫星的 240 路电话通道发展到几万条话路和多路彩色电视通道，已大大缩短了信息传递的时间和距离。

军用通信卫星的发展趋势，是继续完善保密措施，增强抗干扰性能，并进一步提高生存能力，以经得起重大的外界攻击，确保战时通信畅通无阻。

为什么说多级火箭实现了
人类遨游太空的宿愿

在那万点繁星的夜空中，皎洁的月亮是那样让人寄怀；嫦娥奔月的神话流传了千百年，反映了人类对遨游太空的期盼和向往。然而低下的生产力，使人们无所凭借，只能站在地球上"望空兴叹"！

随着科技的发展，1939 年诞生了第一架空气喷气式飞机，使人类具备了在地球表面的大气层内飞行的能力。飞机要离开地面，必须由发动机推动，一方面克服空气阻力，另外还得使机翼与空气发生相对运动，产生升力。而所有航空发动机的运转都要从大气中获得燃料燃烧所需的氧气，而这种氧气只有在大气层高度不超过 30 多千米处才能得到供应，所以无论航空技术怎样发展，都解决不了人类冲出地球的难题，于是火箭喷气发动机便应运而生。火箭发动机与航空发动机的不同之处，是它自带燃料和氧化剂，它不依赖空气中的氧气就能在真空中独立工作，而且具有巨大的推进能力。

火箭为什么能在真空中高速飞行呢？还得从动量守恒原理说起。动量守恒是一条自然法则：物体的质量 m 和其速度 V 的乘积 mV 称为"物体的动量"。多个不受外力作用的物体相互作用时，它们的动量之和保持不变，这就是"动量守恒"。如步枪在射击前和子弹是一个系统，其总动量为 0；射击时，它们的动量之和还应当是 0，子弹 m 向前有一个速度 V，其动量为 mV，步枪 M 向后有一个速度 u，其动量为 Mu，于是 $mV+Mu=0$，$V=-Mu/m$。

同样道理，火箭在发射时，它的推进剂燃烧时，喷出的气浪要带走若干动量，因此火箭在相反的方向上会得到同样的动量，由于火箭在飞行中不断燃烧燃料，其质量逐渐变小，其速度也就越来越大。

1903 年，苏联著名的科学家齐奥尔科夫斯基（1857～1935）最先把火箭原理和航天概念结合在一起，他发表了"利用喷气火箭装置研究宇宙空间"的经典论文，推导出了火箭速度的计算公式 $V = Wln/Mo/Mk$，其中 V 为火箭的最大速度，W 为火箭发动机的喷气速度，ln 是自然对数符号，Mo 为火箭的起飞质量，Mk 为推进剂烧完时的火箭质量。这个公式说明，火箭的最终速度只取决于火箭的原始质量对最后质量的比及喷气速度。这一崭新的概念导致了人们发展多级火箭的构想，为火箭和宇航技术的蓬勃发展奠定了理论基础，他因此而成了"宇航理论的奠基人"。另一位代表人物是美国的哥达德（1882～1945）。1926 年他把理论研究和实验结合起来，用液氧和汽油作推进剂，成功地发射了第一枚无控液体火箭。

近代火箭技术的突破，发生在第二次世界大战中，当时的德国研制并使用了 V-2 火箭，它的出现使火箭技术进入了一个新的时期。第二次世界大战后，苏联和美国从德国得到了制造 V-2 火箭的设备和人员，他们都在 V-2 基础上竞相发展了多级火箭和用它推进的洲际导弹。

什么是多级火箭呢？

多级火箭就是单级火箭的组合。它实质上是分阶段不断轻装前进的运载工具：当第一级火箭的燃料烧完后就甩掉第一级火箭这个包袱，第二级火箭点火，进行接力推进，这就使火箭以更高的速度飞行……依此类推，每一级都不断地提高高度和速度，使多级火箭的末级能达到和超过宇宙速度，从而挣脱地球引力，实现人类多少年来去星际旅行的美好愿望。

1969 年 7 月 20 日晚，送"阿波罗"11 号宇宙飞船登上月球的"土星五号"就是一个三级运载火箭，它直径 10 米，高达 80 多米，起飞重量2900 多吨，三级火箭的发动机总功率是 2 亿马力，相当于 50 万辆卡车的

总功率。火箭发射 2 分半钟后，达到 65 千米高空，抛掉第一级，11 分 53 秒后抛弃第二级进入"环地轨道"，2 小时 30 分钟后，再次启动第三级火箭，以近 4 万千米的时速飞向月球，终于把阿姆斯特朗送上了月球，实现了航天技术的突破，实现了人类遨游太空的宿愿！

为什么说飞行器的速度是
人类冲出地球的首要关键

　　熟透了的果子，为什么从树上往下落？用尽力气向天空抛一件东西，为什么还掉下来？这都是地心引力在作怪。

　　什么是地心引力？根据牛顿万有引力定律，宇宙间的任何两个物体之间都存在着引力，这引力的大小与两个物体的质量乘积成正比，与两物体间距离的平方成反比。质量很小的物体引力就小，如两个相距 1 米的各为 1 吨的物体，其引力只有 6.7 毫克。地球的质量为 60 万亿亿吨，所以它和离它 38 万 4 千千米和月亮之间的引力为 1.9 亿亿吨。月球挣脱不了它的拉力，所以年复一年地围着它旋转。可见，从地面发射的卫星必须有本事抵消地球的引力，才能不再掉回地面。

　　我们从物理学知道：一个物体做圆周运动时，必有一个惯性离心力，这个力的大小，与物体的质量和物体做圆周运动时的切向速度的平方的积成正比，而与圆的半径成反比。卫星要在大气层外，按其轨道绕地球运行，必须凭借环绕地球运动的速度所产生的向外惯性离心力，平衡刚好等于向内的地球引力。这时卫星的速度就叫"环绕速度"，卫星所处的高度不同，它的环绕速度也不同。在地球表面附近，环绕速度值约等于每秒 7.91 千米，这就是常说的第一宇宙速度。

　　如果一个物体以每秒 7.91 千米的第一宇宙速度垂直离开地球，它能飞多高？如按能量守衡定律得出的公式：$h = V^2/2g$，（V 是初速度，g 是重力加速度），将已知的 $V = 7.91$ 千米/秒，和 $g = 9.81$ 米/秒，代入上式，则求得高度 $h=3200$ 千米。但这个数值不对，而应是 6370 千米，恰好为地球的半径。这是因为地球引力与物体到地心的距离的平方成反比，随着高度的增加重力加速度越来越小，不能直接应用公式 $h=V^2/2g$，因为 g 不是一个常数。

当卫星的速度等于第一宇宙速度时，它将沿圆轨道绕地球运动，此时的惯性离心力，等于地心引力（重力）。当卫星的速度小于第一宇宙速度时，其惯性离心力小于重力，就不能保持圆轨道飞行，还得在重力作用下落回到地面上来；如果卫星的速度大于第一宇宙速度，物体运动的惯性离心力大于重力，卫星将沿着椭圆轨道绕地球运行。而且卫星速度愈大，椭圆轨道的形状就会变的更长，更扁。直到卫星的抛射速度大到一定值时，椭圆变成了抛物线，物体将沿着抛物线脱离地球引力场，一去不回来，变成绕太阳运行的人造卫星。这个速度数值约等于每秒 11.2 千米，这就是第二宇宙速度。当卫星的抛射速度大于第二宇宙速度时，卫星将沿双曲线脱离地球，在太阳系范围内运行。一个物体飞出太阳系引力场所需的最小速度，叫第三宇宙速度，其值约等于 16.6 千米/秒。

这三个宇宙速度，严格来说，是相对于地球的速度，从数值上看，第二宇宙速度是第一宇宙速度的 $\sqrt{2}$ 倍，这个比例关系，可以推广到任何一个天体。物体脱离某一天体所必须达到的最小速度，叫"脱离速度"，是该物体在距天体同样距离上的环绕速度的 $\sqrt{2}$ 倍。环绕速度就是物体环绕天体作圆周运动必须的速度。

可知，人类要想冲出地球这个摇篮，必须首先研制出能挣脱地球引力的航天器，即赋予卫星、航天飞机、天空试验室、空间站等的飞行速度必须大于地球的环绕速度，使它们能以椭圆轨道绕地球航行。所以说速度乃是人类征服宇宙的首要关键。